河南省镇平县耕地地力评价

马伟东　李钦梅　张立军　主编

黄河水利出版社

·郑州·

图书在版编目(CIP)数据

河南省镇平县耕地地力评价/马伟东,李钦梅,张立军
主编 . —郑州:黄河水利出版社,2017.9
ISBN 978 – 7 – 5509 – 1855 – 9

Ⅰ. ①河⋯　Ⅱ. ①马⋯ ②李⋯③张⋯　Ⅲ. ①耕作
土壤 – 土壤肥力 – 土壤调查 – 镇平县 ②耕作土壤 – 土壤
评价 – 镇平县　Ⅳ. ①S159.261.4　②S158

中国版本图书馆 CIP 数据核字(2017)第 236347 号

组稿编辑:王志宽　 电话:0371 – 66024331　 E-mail:wangzhikuan83@126. com

出 版 社:黄河水利出版社　　　　　　　　　　网址:www. yrcp. com
　　　　地址:河南省郑州市顺河路黄委会综合楼 14 层　邮政编码:450003
发行单位:黄河水利出版社
　　　　发行部电话:0371 – 66026940、66020550、66028024、66022620(传真)
　　　　E-mail:hhslcbs@ 126. com
承印单位:河南瑞之光印刷股份有限公司
开本:787 mm × 1 092 mm　1/16
印张:10.25　　　　　　　　　　　　插页:4
字数:250 千字　　　　　　　　　　　印数:1—1 000
版次:2017 年 9 月第 1 版　　　　　　　印次:2017 年 9 月第 1 次印刷

定价:50.00 元

《河南省镇平县耕地地力评价》

编纂委员会

主　任　刘智如

副主任　曹经洲

主　编　马伟东　李钦梅　张立军

副主编　杨丙俭　宋祎莹　孙晓周　张继月　李　岩　孔令建

编写成员

王　红	陈会霞	王学昌	李　方	薛　波	胡传芳
史西杰	侯　宏	张中敏	冯　燕	张念霞	邹春雅
郝会彬	郭旭峰	丁真贞	周　杰	薛书钦	李晖霞
芮　涛	辛金冰	李兆龙	魏新瑞	裴书娟	徐　博
曹佳林	郭国安	杨英丽	耿丰华	赵永莉	王　峥
张俊峰	周　静	王琛林	杨　帅	裴文荣	李天渠

前　言

镇平县是一个以粮食生产为主的农业大县,先后被确定为国家商品粮基地、农业综合开发试点县,2007年又被确定为国家测土配方施肥补贴项目县。按照《2007年测土配方施肥补贴项目实施方案》和2007年《农业部办公厅关于做好耕地地力评价工作的通知》的精神,在2007年、2008年和2009年测土配方施肥工作的基础上,于2010年下半年启动了耕地地力评价工作,历经半年,完成了耕地地力评价工作,并撰写了耕地地力评价工作报告和技术报告,小麦、玉米适宜性评价等专题报告。

按照项目任务要求,2007~2009年在全县采集了6426个土样,分析化验58852项次,通过在小麦、玉米等作物上的110次田间试验获得了肥料利用率、校正系数、养分丰缺等指标,初步建立了施肥指标体系,为全面推广普及测土配方施肥技术奠定了基础;根据土、肥、水资源的合理配置,针对性地改良利用耕地、高标准良田建设的需求;根据测土配方施肥的长效机制建立、耕地质量动态监测与预警体系的建立和完善两个层面上的需求,利用现代计算机技术,充分挖掘和保护第二次土壤普查的丰硕成果及测土配方施肥项目的丰富数据,开展了耕地地力评价,探讨了不同耕地类型的土壤肥力演变与科学施肥规律,为土、肥、水资源合理配置,科学施肥以及加强耕地质量建设提供决策依据。

本次耕地地力评价完全按照农业部《测土配方施肥技术规范》和《耕地地力评价指标》确定的技术方法和技术路线进行,采用了由农业部、全国农业技术推广服务中心和江苏省扬州市土肥站共同开发的"县域耕地资源管理信息系统3.2"平台。建立了县域耕地资源管理资源数据库、耕地地力评价指标体系,确定了评价单元,建立了县域耕地资源管理信息系统。依据县域耕地资源管理信息系统数据,2010年12月完成了镇平县耕地地力评价工作。通过耕地地力评价,取得了以下成果:

(1)建立了镇平县耕地资源管理信息系统。该系统以县级行政区域内耕地资源为管理对象,以土地利用现状与土种类型的结合为管理单元,通过对辖区内耕地资源的信息采集、管理、分析和评价,增加相应技术模型后,不仅能够开展作物适宜性评价、品种适宜性评价,也能够为农民、农业技术人员以及农业决策者合理安排作物布局、科学施肥、节水灌溉等农事措施提供耕地资源信息服务和决策支持。

(2)撰写了镇平县耕地地力评价报告。通过本次耕地地力评价,将镇平县耕地划分为五个等级。并针对每一个等级的耕地提出了合理的耕地利用改良建议,完成了镇平县耕地地力工作报告和技术报告、作物适宜性评价报告各一份。

(3)对第二次土壤普查形成的成果进行系统整理。本次耕地地力评价充分利用和保护第二次土壤普查资料,对土壤图进行数字化,对全县耕地土壤分类系统进行整理,与省土壤分类系统对接。

(4)编制了耕地土壤图、耕地地力评价等级图、中低产田类型分布图、有机质、全氮、有效磷、速效钾、pH及微量元素有效锌、锰、硼、铜、铁、硫等专题图件。

(5)奠定了基于GIS(地理信息系统)技术提供科学施肥技术咨询、指导和服务的基础。

（6）为农业领域内利用 GIS、GPS（全球定位系统）等计算机网络技术，开展县域内农业资源评价，建立农业生产决策支持系统奠定了基础，填补了数字化管理耕地的空白。

本次地力评价工作得到了河南省农业厅、河南省土肥站，南阳市农业局、土肥站，镇平县政府，镇平县农业局的大力支持，同时得到了镇平县财政局、土地局、林业局、水利局、农机局、民政局、气象局、统计局、县志办等的大力协助，使这项工作得以顺利实施，在此表示感谢。但是，由于耕地评价工作任务重、技术要求高，加之我们水平有限，欠妥之处在所难免，望多提宝贵意见。

编 者

2017 年 4 月

目　录

第二部分　镇平县耕地地力评价专题报告

第一部分　镇平县耕地地力评价技术报告

第一章　农业生产与自然资源概况

第一节　地理位置与行政区划

一、地理位置

镇平县位于河南省西南部，伏牛山南麓，南阳盆地西北侧，归南阳市管辖。地处北纬32°51′~33°21′、东经111°58′~112°25′，东隔潦河与南阳市卧龙区相望，北与南召县相连，西与内乡县接壤，南与邓州市毗邻，境内南北长53.8千米，东西宽42千米，总土地面积1500平方千米，约占全省总土地面积的0.9%，占南阳市总土地面积的5.4%。

境内地势北高南低，北部为伏牛山系，主峰五垛山分东西两支向南延伸，如龙腾飞；中部丘陵，岗峦披秀；南部平原，水甘土肥。主要河流有赵河、潦河、沿陵河及多条支流以合抱之势，蜿蜒流注其间，属于唐白河水系，南泻汲滩，再注汉水。海拔1650~110米。山区、丘陵、平原大约各占总面积的1/3。

境内公路成网，207国道贯穿南北，312国道横跨东西，沪陕、南太高速穿境而过，S244、S248两条省道东西呼应。宁西铁路跨越东西，焦枝铁路越境向南，构成四通八达的交通网络。

镇平境内复杂的地形和适宜的气候为全县提供了丰富资源。北中部山区、丘陵地带宜林宜牧，植物种类繁多，广洋大枣为中国名果，山明桐、斤柿为特有树种，有中草药260余种，杜仲、荆三棱、全蝎、玄参产量、质量均居全国前列。南部平原盛产粮食、棉花、油料、烟叶、芝麻等，林麻油历来有名。

镇平特色产业较多，镇平丝毯享誉世界，玉雕遍布全国，被国家命名为地毯之乡、金鱼之乡、玉兰之乡、玉雕之乡。

二、行政区划

镇平县辖涅阳办、玉都办、雪枫办、遮山镇、老庄镇、高丘镇、晁陂镇、石佛寺镇、卢医镇、曲屯镇、枣园镇、贾宋镇、杨营镇、侯集镇、马庄乡、张林乡、彭营乡、王岗乡、安字营乡、柳泉铺乡、郭庄乡、二龙乡,共11镇8乡3个街道办事处,409个行政村,总土地面积1500平方千米,其中耕地面积80752.64公顷,占总土地面积的75.7%。

第二节　农业生产与农村经济

一、农村经济情况

镇平县是一个以粮食生产为主的农业大县,党的十一届三中全会以来,农业生产得到了长足的发展。至2007年全县实现农业生产总值327195万元,其中农业223515万元、林业3316万元、牧业85783万元、渔业9775万元,农业服务业7806万元。

(一)农民家庭基本情况

农民家庭劳动力人数3.87人/户,平均每个劳动力负担人口1.75人,经营耕地5.08亩/户,平均每个劳动力经营耕地2.3亩,人均住房面积37.32平方米,人均住房价值11705.3元。

(二)农民家庭总收入

农民家庭年总收入人均达到5465元。其中,工资性收入1282元、家庭经营收入4030.2元、财产性收入28.7元、转移性收入124.1元。

(三)农民家庭现金支出情况

全年家庭现金支出人均4878元。其中,家庭经营费用支出925.9元、购买生产性固定资产支出396.3元、生活消费支出3212.2元、财产性支出8.2元、转移性支出335.4元。

二、农业生产现状

随着国民经济的快速发展及国家对农业扶持力度的加大,镇平县的农业生产已经进入一个新的发展阶段,出现了一些新的特点。

(一)产业结构趋向合理

近几年来,镇平县按照战略性结构调整的要求,加大农业结构调整力度,形成了以粮食生产为主线,食用菌、油料、花卉、瓜菜、水果及其他作物合理配置,种植、养殖、加工和劳务输出一体化的综合农业产业链条。据县统计局2007年统计资料,全县农作物播种面积210.7万亩,其中粮食作物播种面积145.4万亩,油料21.7万亩,蔬菜19.28万亩,瓜类2.4万亩,棉花10.4万亩,烟叶2.8万亩,药材0.83万亩,其他7.89万亩。

镇平县全年粮食总产502054吨,油料总产52706吨,蔬菜总产608857吨,瓜类总产79370吨,棉花5786吨,烟叶3565吨,其他9560吨。农作物种植比例见图1-1。在粮食作物中,小麦总产256117吨,玉米总产201092吨;常年播种面积小麦74.57万亩、玉米55.27万亩。在种植业获得快速发展的同时,其他产业也得到全面的发展。2007年农业总产值按现行价计算327195万元,其中农业223515万元、林业3316万元、牧业85783万元、渔业6775万元、其他7806万元。使全县农民人均纯收入达到5465元。

(二)区域生产特色初步形成

根据镇平县的农业自然资源,全县初步形成了各具特色的三个农业生产区域。

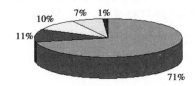

图 1-1　农作物种植比例图

1. 山区

该区主要分布在县境北部,包括二龙乡的 14 个村、高丘镇的 9 个村、老庄镇的 12 个村、石佛寺镇的 3 个村、玉都街道办事处的 2 个村,共 5 个乡(镇)40 个村民委员会 461 个村民小组 1173 个自然村。土地面积 60.75 万亩,占全县土地总面积的 27%,其中耕地面积 3.9 万亩,占土地面积的 2.4%。

区内有高山主峰 5 座,低山 58 座。最高山峰 1665 米,相对高差在 300～1000 米。山高谷深,水土流失严重。一般年降水量 900 毫米左右,温度比全县平均值低 2℃,昼夜温差大,无霜期 211 天,比全县平均值少 22 天,交通不便,劳力负担重,农业科技水平落后,但资源丰富,生产潜力大,环境未受污染,具有广阔的发展前景。根据其特点,可划分为三个产业区:

(1)深山林牧土特产区:本区位于县城北部,包括 11 个村,其特点是山势陡峭,交通不便,耕地少,草源丰富,含有多种矿藏,如石墨、云母等,野生动物及中药材有香獐、鹿、豹、黄羊、蜈蚣、金柴、灵芝、天麻、杜仲、柴胡、山楂、食用菌等。有利于发展林牧业和中药材为主的土特产业。

(2)中山蚕牧业区:包括 18 个村,其特点为山坡多,宜林面积大,适宜柞树生长,因此历年来农民都有饲养柞蚕的习惯。同时此区草源茂盛,水多不污染,适宜大规模发展养牛、养羊业。

(3)浅山林牧农业区:该区包括 11 个村,其特点是山坡减缓,林木稀疏,草场广阔,耕地质量差,肥力低。此区以牧业为主,农林牧结合。经过 20 多年来的发展,此区交通方便,环境优美,已发展成避暑旅游的好地方。

2. 丘陵

此区位于县境中部,包括柳泉铺 20 个村,遮山 5 个村,彭营、城郊 15 个村,石佛寺 14 个村,杨营 5 个村,王岗 14 个村,曲屯 10 个村,枣园 19 个村,晁陂 6 个村,老庄 9 个村,高丘 19 个村,共 13 个乡(镇),164 个行政村 2033 个村民小组 1205 个自然村,土地面积 84.83 万亩,占全县土地总面积的 37.7%。其中,耕地面积 49 万亩,占全县耕地总面积的 44.3%;林业用地 10.1 万亩,占全县林业用地面积的 20.8%。该区可划分如下两个亚区:

(1)垄岗、粮、油、枣、建材业亚区。位于北中部与山区南部相接地带。岗多坡陡,土质差异大,荒坡、荒沟、荒埂多,非耕地占全区总土地面积的 40.3%,开发潜力大,但属贫水区,常有干旱发生。

该区属干旱丘陵区,水利条件较差,农业要走旱作农业道路,一要搞好水土保持,培肥地力,增施有机肥,种植紫穗槐,可增加土壤肥力,能护坡防水土流失。二要大搞秸秆还田,把麦秆、玉米秆粉碎撒入田间,可以改良土壤。在田岗、韩沟、辛集发展规模养牛养羊,利用牛羊饲草多的特点发展畜牧业。

（2）缓岗粮、油、牧、工副业亚区：位于 312 国道两侧，这里缓岗和平岗连绵，岗地土质多为黄褐土，凹地多为砂姜黑土，质地黏重，适耕期短，但工、副业集中连片，行业多、人员广。

此区根据当地具体情况，搞好水利建设，做到旱能浇、涝能排。改良土壤的办法是增施有机肥，秸秆还田，改良土壤结构，增强保肥保水能力，使土壤疏松，增加适耕性，对水浸易涝地，要开挖排水沟。

3. 平原

此区位于县境南部，包括张林乡南（原黑龙集乡）16 个村，彭营乡 15 个村，安字营乡 24 个村，贾宋镇 22 个村，马庄乡 10 个村，卢医镇 2 个村，曲屯镇 3 个村，张林乡 19 个村，侯集镇 24 个村，遮山 2 个村，石佛寺镇 4 个村，涅阳办 5 个村，共 15 个乡（镇）185 个行政村 867 个自然村。土地面积 79.43 万亩，占全县土地总面积的 35.3%，其中耕地面积 57.81 万亩，占全县耕地总面积的 52.3%。林业用地面积 0.6 万亩，占全县林业用地总面积的 1.2%。区内海拔 110～170 米，地势平坦，交通方便，根据自然特点，区划为两个亚区：

（1）沿河潮土、粮菜、工副业区：位于赵河、沿陵河、淇河两岸。地势平坦，土壤肥沃，机井、引河渠水利条件好。

（2）砂姜黑土粮油农副产品加工亚区：位于县境南部边缘地带，地势平坦，多为砂姜黑土，质地黏重，土层通透性差，怕旱怕涝，但粮油商品率高，增产潜力大。

沿河潮土区要抓好土地的培肥改造工作，实行秸秆还田等，使土壤中的有机质增多，耕层增厚，土壤的理化性状变好；砂姜黑土区水浸地、易涝地，要挖沟排水，增施有机肥，黑土掺沙，改良土壤，大力加强水利建设。

平原区人均土地面积大，能工巧匠多，工副业发达，为粮菜主产区。在种植方面，以小麦、玉米、棉花为主，这两个作物稳产、高产，经济价值大；蔬菜在稳定面积的基础上，推广实用新技术，发展无公害蔬菜；有条件的农户，要发展养猪、养牛、养羊，实现农业综合发展。经过二十多年的努力，已成为镇平县粮食、棉花、油料和蔬菜的主产区。

（三）农产品质量受到重视

随着农业市场经济的不断发展，以及国家各项农产品质量标准的颁布实施，广大基层干部和农民的质量意识、市场意识逐步提高，农业生产已经开始从过去的单纯产量型向产量和质量并重型的方向发展。优质农产品已经开始走向市场。如二龙、老庄、高丘、彭营的食用菌；老庄的樱桃；张林、郭庄的蔬菜都通过了无公害农产品认证。

第三节　农业自然资源条件

镇平县属于北亚热带北部边缘，属北亚热带季风型大陆性气候区，具有四季分明，光照充足，雨热同季，光热资源丰富的气候特征，有利于各种农作物的生长发育。现以 1959～2009 年共 51 年的气象资料为据阐述气象要素如下。

一、光照

年平均日照时数 1883.97 小时，日照百分率为 46%，80% 保证率为 1800 小时，最多 2224 小时（1966 年），最少 1380 小时（2003 年）。8 月日照 225.8 小时为最长，日照百分率为 55%；2 月日照 121.9 小时为最短，日照百分率为 39%。从以上情况可以看出，日照时数比较充足,分布较为合理,以小麦、玉米两种作物共需 1800 小时的日照时间衡量,80% 保证率可满足一年两熟制的需要。

二、气温

历年平均气温 15.27℃,极端最高气温 42.6℃ (1972 年 6 月 11 日),极端最低气温 -14.7℃ (1967 年 1 月 16 日),1 月最冷,7 月最热。春季温度回升较快,月平均气温相差 5℃ 以上。秋季降温快,月平均气温相差 6℃ 左右,冬季气温率变幅较小。据资料分析,5 厘米地温稳定通过 14℃ 的初日为 4 月 5 日。80% 保证率为 4 月 18 日。此时,适合春播作物播种。

热量自南向北递减。年平均大于或等于 0℃ 的活动积温为 5537～3614℃。按小麦、玉米两种作物共需积温 4300～5000℃ 分析,海拔 400 米以下区域,热量可保证一年二熟制需要;海拔 400～600 米,热量可满足早、中熟品种一年二熟制需要;海拔 600～800 米,热量基本满足早熟品种一年二熟制需要;海拔 800 米以上,一年二熟热量明显不足。

三、无霜期

无霜期年平均 230.6 天,最长 268 天(1975 年),最短 209 天(1996 年),80% 保证率在 220 天以上。初霜期最早出现于 10 月 22 日,最晚出现于 11 月 25 日,平均出现于 11 月 6 日;终霜期最早出现于 2 月 19 日,最晚出现于 4 月 8 日,平均出现于 3 月 17 日,总的规律是初霜期晚,终霜期早,农作物安全生育期较长,霜冻危害率很小。

四、降水量

镇平县平均年降水量为 704.33 毫米,80% 以上年份降水量在 550 毫米以上,年际变化幅度较宽。从气象资料查得,1964 年降水量最大,为 1165.7 毫米,1965 年最少,只有 437.1 毫米,相差 28.6 毫米,年内各个月份降水量也很不平衡,7～9 月降水量相对集中,占年降水量的 60.5%。年际间也高低不一,如 1975 年 7 月降水量为 73 毫米,而 1979 年 7 月降水 422 毫米,高出 5 倍多。由于受季风气候的影响,降水的季节性分配也不平衡,春季平均降水量在 160 毫米上下,占全年降水量的 23% 左右;夏季降水量为 350 毫米左右,占全年降水量的 50%;秋季降水量接近春季;冬季降水量为 30 毫米左右,占 4% 左右。1 月降水最少,不足年降水量的 1%。受地貌影响,年降水量地域性分布也有很大差异,由南向北递减,南部彭营至侯集一带年降水量为 700 毫米左右,为南阳盆地少雨中心,而中部垄岗的柳泉铺、高丘一线,降水量为 750 毫米;而北部山区二潭周围,降水量达 966 毫米,高低相差 266 毫米。

干旱是镇平县农业生产的主要障碍因素,据 22 年气象记录,出现不同程度旱灾的有 18 年,频率为 82%。其中,出现春旱 15 年,频率为 68%,出现夏旱 8 年,频率为 36%。伏旱、秋旱年份较少,在夏秋之间,局部地区有时出现冰雹,对农业生产起着不同程度的破坏作用。

雨涝也是影响农业生产的主要因素,根据 22 年气象资料统计,初夏涝概率为 13.5%,秋涝概率为 26.3%,给农作物正常生长发育带来不利影响。

五、蒸发量

蒸发量大是镇平县的另一个气候特点。全县年平均蒸发量为 1912.9 毫米(水面蒸发),是降水量的2.7倍。一年中,春季蒸腾量为539.1毫米,占全年蒸腾量的28.2%;夏季蒸腾量为759.3毫米,占全年蒸腾量的39.7%;秋季蒸腾量为392.5毫米,占全年蒸腾量的20.5%;冬季蒸腾量为222毫米,占全年蒸腾量的11.6%。从月份上看,1月蒸腾量最低,为68.2毫米,占全年蒸腾量的3.6%;夏季蒸腾量最大,高达296.2毫米,占全年蒸腾量的15.5%。总体蒸发量远大于降水量,是造成干旱地区的重要原因。

六、湿度

境内6~9月湿润系数大于1,属于温湿期,为土壤层储蓄水分时期,其他月份为失去水分时期,湿润系数小于1。年平均相对湿度为75%,各月间变化幅度不大,变幅在65%~80%,7~9月较高,1月、2月较低。

七、水资源

(一)地表水资源

镇平县有大小河流13条,均发源于伏牛山麓,流向自北向南,归于汉水,故该县属长江流域唐白河水系。北部山区的河面狭窄,比降大,水流急,河床多为深谷型;而南部平原河面较宽,比降小,流速锐减,河床淤积为浅槽型,多为典型的季节性河流,汛期河水暴涨暴落,而冬春两季枯水期流量甚微,全年平均流量3.45亿立方米,枯水期仅1.93亿立方米。

赵河源于二龙乡五垛山红云寺,流经石佛寺、杨营、侯集等乡(镇),自侯集河嘴上流入邓州市境。境内流长73千米,流域面积550平方千米,汛期最大流量1110立方米/秒,河床宽70~150m。其支流有淇河、东十二里河、东西三里河等。赵河上游的赵湾水库,最大储水量可达到9715立方米,兴利库容5319立方米。可灌溉农田1110.78万亩。

沿陵河发源于高丘尖顶山,流经卢医、晁陂、贾宋、马庄等乡(镇),从马庄乡东南岭村出境入邓州市,境内长57千米,流域面积462平方千米。主要支流有黑河、礓石河、黄土河、蔡河等,泄洪量为600立方米/秒。大部分支流枯水期较长。上游丁张营村东建有高丘水库,库容可达3308立方米,兴利库容1475立方米,可灌溉农田3.5万亩。

潦河发源于南召县白草垛稻谷田,为镇平、宛城、卧龙的界河,沿县边境南流,在彭营乡秦营入卧龙区。境界流长54千米,境内流域面积337平方千米,泄洪量750立方米/秒。主要支流有兰溪河。兰溪河上游建有陡坡水库,库容可达4667立方米,兴利库容2583立方米,可灌溉农田6.1万亩。

此外,在一些支流上还建有小型水库19座,计库容达1270立方米,兴利库容563.1立方米,可灌溉农田1.64万亩。

(二)地下水资源

据历年打井资料和48眼中心机井,12眼常规观察井的水文地质资料分析,镇平县水文地质属第四纪山前扇形沉积带和古河道区。在60米以上有层状潜水带,每层厚1~4米。经初步勘查,宜井面积450平方千米,地下水总计0.864亿立方米。

其分布情况如下:

(1)以赵湾水库为起点,沿赵河以西沿陵河以东,向南逐渐展开,呈扇形分布,面积310平方千米,埋深4~8米,单井涌水量80~120吨/小时,为全县地下水分布最好的地带。

(2)以县城为起点,沿东三里河、淇河两岸呈带状,向东南延伸到安字营常庄,面积80

平方千米,埋深一般在 6～10 米,单井涌水量 70 吨/小时左右,是潜层丰水区之一。

（3）丘陵潜水区,主要分布在沿陵河流域的卢医庙、白龙庙、周堂、楼子王、关帝庙、城皇庙和潦河沿岸的大庄寺、马营街、张湾一带,面积 60 平方千米。

贫水区面积 380 平方千米,主要区域在西部和西北部丘陵区的枣园、曲屯、卢医、王岗乡一带,县城以北及遮山、彭营乡周围,南坪公路以南、赵河以东,西三里河以西的缓岗区。地下水埋深一般在 12 米以上,单井涌水量 10～20 吨/小时。

（三）水资源总量

水资源总量均值为 4.314 亿立方米,水质较好,适宜饮用和灌溉,其特点是:地表径流量年际变率大,年内时空分配不均,地下水地域分布差异大,水资源总量按偏枯年计算,人均363 立方米,亩均 253 立方米,而且平原和山区相比,人均占有量相差 7 倍,亩均量相差 14倍,供需不协调。但镇平县是北高南低梯形地势,便于水的治理。

第四节　农业生产简史

镇平县历史上就是以农作物种植为主的产粮大县,垦殖率在 85% 以上,以旱作农业为主,主产小麦、玉米、花生、杂粮、棉花、蔬菜及薯类,是国家重要的粮食生产基地县。勤劳的镇平农民利用优越的自然条件,在长期的农业生产实践中积累了科学种田、战胜自然灾害的丰富经验,粮食产量由中华人民共和国成立初期的亩产 49 千克,到 1957 年底人民公社初 8年间,粮食亩产平均达 65 千克;到 1982 年实行家庭联产承包责任制始 25 年间,平均亩产达98 千克;到 2007 年实施测土配方施肥前 25 年,平均亩产达 242 千克。1982 年小麦亩产达到 210 千克;秋粮玉米中华人民共和国成立初亩产 53 千克,1982 年亩产达 152 千克。农业生产条件由中华人民共和国成立初期的靠天收,已发展到现在的保灌面积 40 万亩以上的人为保证丰产丰收的程度,粮食亩产 2007 年度达到小麦单产 344 千克、玉米 364 千克的高产水平。中华人民共和国成立后至今,镇平县的农业生产大体上可分为三个阶段。

一、第一阶段（1949～1957 年）

该阶段为组织农业生产互助组,农业生产合作社的恢复发展阶段。1957 年粮食亩产 63千克,比 1950 年亩产 49 千克增长 28.6%,其中小麦亩产 44 千克,增产 10%,玉米亩产 64千克,增产 20.8%。其他农作物产量也大幅度增产。

二、第二阶段（1958～1982 年）

1958～1965 年由于"人民公社化"的人为因素和连续 3 年的严重自然灾害,农业生产受到挫折,出现下降现象,粮食单产由 1958 年的 86 千克,1961 年降至 39 千克,1966 年始恢复到 85 千克。1966～1982 年农业生产发展速度仍比较缓慢,粮食单产最高为 170 千克(1982年),最低 94 千克(1967 年)。

三、第三阶段（1983 年以后）

农业大发展阶段。党的十一届三中全会以后,农村经济体制改革和各项政策的落实,极大地调动了农民的生产积极性,农业生产进入全面发展阶段,农作物产量出现很大突破,到2007年粮食单产已达到345千克,是1950年前的8~9倍,是1977年的2~3倍,到2008年粮食单产已达到370千克,总产量51.854万吨;小麦单产1987年已达到276千克,2006年达341千克;玉米单产1991年达到254千克,2006年达到390千克,总产量13.98万吨。随着经济体制改革和农村产业结构的调整,在确保粮食稳定增产的前提下,近几年镇平县委县政府提出了发展"红、白、绿"三色农业,有力地推进了镇平县农业增效、农民增收、农村经济发展的步伐。

第五节　农业机具

20世纪80年代以后,随着联产承包责任制的普遍实行,农民种地的积极性大大提高,为提高劳动效率,节约成本,越来越多的农业机械投入到农业生产中去。耕地、耙地、播种、施肥、覆膜、灌溉、收获、脱粒、运输等农业活动大量使用了农业机械,特别是2000年以后,随着机械作业的普及,农业机械化水平实现了跨越式的发展,农业生产的重要环节基本实现了机械化。

一、农业动力

农村实行联产承包责任制后,由于生产规模小,小型拖拉机更适合家庭生产经营和使用条件,农民需求量迅速增加。据1990年统计,小型拖拉机发展到4010台,而大中型拖拉机,由于不适应小规模的经营方式而急剧减少,全县只有19台。2000年以后,为加速农业现代化进程,国家实施了对购买大型农业机械进行补贴的政策,许多农民不仅看到了国家政策带来的经济上的优惠,同时看准了农业机械服务可以挣钱的商机,因为拖拉机是一种自走农用动力机械,配套各种农具可以完成相应的作业,不仅可以完成耕地、耙糖任务,而且可以完成播种、中耕、喷药等生产活动,扩大服务范围,于是购置大中型拖拉机的积极性空前高涨,到2008年,全县大中型拖拉机发展到506台,小型拖拉机也发展到42931台,电动机、柴油机也迅猛发展,电动机6256台,柴油机3429台,农业机械总动力达到48.85万千瓦,为实现农业机械化奠定了良好的基础。

二、农用机具

随着农业机械的大力推广应用,一些传统的手工操作工具如镰刀、钉耙、榔头、铁锨、锄头、楼、耙等逐渐退出历史舞台,仅作为小面积蔬菜种植手工工具,到2008年,大、中、小型拖拉机发展到6548台,当年机播面积达97.5万亩。其中,小麦79.2万亩,玉米18万亩。全县有联合收割机246台,小麦机收面积达到90%以上。弥雾机拥有量达1969台。拖拉机悬挂喷雾器也开始在镇平引进并投入使用,到2009年底数量达31部。联合收割机替代了脱粒机,尤其是跨区机收,大大缩短了小麦等作物的收获时间。农副产品加工向企业化发展,中小型面粉生产企业遍布各乡镇。农用运输机具农用三轮车、汽车在农村大面积应用,至2008年达到6456部,田间机械运输量占运输总量的95%以上,基本实现了机械化。

第六节　农业生产上存在的主要问题

镇平县从第二次土壤普查以来,在改良利用土壤方面做了大量工作,取得了显著的效果,但仍然存在阻碍农业生产发展的障碍因素。

一、抗御自然灾害能力薄弱

镇平县处在南阳盆地少雨中心,干旱是影响农业生产的主要障碍,虽经多年兴修水利,打机井利用地下水,从局部上缓解了受旱程度,但并未从根本上解决干旱问题,因为气候条件基本上左右着镇平县的农作物产量,丰歉年之间产量变化幅度较大。

二、耕地部分性状出现下降趋势

目前,农业生产以家庭联产承包经营为主,大型拖拉机拥有量下降,1990 年大、中型拖拉机下降到 19 台,比 1981 年的 249 台减少了 230 台,减少了 12 倍。小型拖拉机的普遍使用,造成了耕深下降,虽然 2005 年以来大、中型拖拉机数量逐年增加,但增加的多是旋耕机,致使耕地土壤犁底层上移,耕作层变浅,土壤容重增加,降低了土壤保水保肥的性能和抗御自然灾害的能力。

三、农业生产条件依然很脆弱

镇平县处在亚热带大陆季风型气候区,降雨偏少且不均,蒸发量大,地下水储量不足,水资源贫乏,井灌、渠灌覆盖面相对较少,干旱仍然是农业生产发展的重要障碍。

四、农业新技术的引进和推广比较缓慢

经费严重不足等诸多因素,影响了新技术的引进和推广应用。如培肥地力技术、生物防治病虫草害技术、配方施肥技术、无公害生产技术等,或推广面积不大,或难以持久。

第七节　农业生产施肥

一、历史施用化肥数量、粮食产量的变化趋势

化肥包括大量元素氮、磷、钾和中量元素钙、镁、硫,以及微量元素铁、锌、硼、铜、锰、钼、氯等。1952 年 3 月,县内开始施用化学肥料硫酸铵(肥田粉),年施用量 2 吨。1954 年施用量增加到 127 吨。1957 年开始施用尿素、硝酸铵、氯化铵等,年施用量增加到 608 吨。1966年开始施用碳酸氢铵(臭肥)。1967 年全县氮肥施用量增加到 3220 吨,亩均 2.9 千克。1970 年开始施用磷肥,如磷矿粉、过磷酸钙、钙镁磷等。1972 年县建化肥厂投产后碳酸氢铵施用量逐年增加。1975 年年施用量 4133 吨,其中磷肥 713 吨。1980 年全县施肥量增加到19237 吨,其中磷肥 1193 吨,亩均 17.5 千克。在施肥方法上,20 世纪 80 年代初采用"一炮轰"施肥法,80 年代末采用"双百斤"即以百斤碳铵、百斤磷肥粗配方作小麦底肥。与此同时用磷酸二氢钾拌种作种肥和根外追肥。1990 年后 N、P、K 三元复合肥得以推广,并占主导

地位,年最高施用量达 35180 吨(1997 年)。1998 年推广作物专用复混肥,如小麦专用肥、玉米专用肥、棉花专用肥、花生专用肥等。2000 年以后推行测土配方施肥的方法,使施肥更趋科学化、合理化。

随着化肥施用的普及和施用量的增加,作物亩产量也相应提高。1950 年全县粮食单产 49 千克,小麦平均亩产量 40 千克,玉米亩产量 53 千克;到 1956 年全县粮食单产上升到 63 千克,小麦亩产量提高到 72 千克,玉米提高到 76 千克。一般施肥的年增产幅度在 8% ~ 10%,到 1968 年粮食单产上升到 115 千克,小麦亩产量已经达到 95 千克,玉米提高到 89 千克。当时农业科技部门提示随着作物产量的提高,土壤中磷供应不足,制约作物产量的提高,70 年代开始宣传推广施用磷肥,经过几年的试验、示范,磷肥的增产效果明显表现出来。每亩施 40 ~ 50 千克磷肥,1976 年粮食单产上升到 139 千克,小麦亩产量在 121 千克以上,比不施磷肥者增产 10% 左右。玉米亩产 136 千克,比不施磷肥者增产 15%;1968 年的磷肥施用量达 200 余吨,到 1976 年年磷肥用量上升到 897 吨,1995 年达 40651 吨。施用方法主要是作小麦播种时的底肥,有部分用作玉米、花生追肥。磷肥品种以过磷酸钙为主,少量钙镁磷肥和磷矿粉。

20 世纪 90 年代以后有机肥施用量越来越少,土壤中含钾量逐年降低,随着氮、磷肥用量的增加,1997 年小麦亩产量已达到 300 千克,玉米亩产量 290 千克。通过耕地地力监测发现,土壤速效钾含量明显下降,已成为新的制约因素。如镇平县土壤钾含量已由第二次土壤普查时期时的每千克 199 毫克,降到 2007 年的每千克 122 毫克以下。当时河南省土肥站提出在全省实施“补钾工程”,钾肥的施用受到重视,到 1989 年全县钾肥用量 3020 吨,麦播基施钾肥面积在 45 万亩,化肥施用逐步趋于科学合理,粮食产量相应提高,小麦亩产达到 314 多千克,玉米亩产接近 390 千克。1990 年后由于 N、P、K 复合肥的推广,单质钾肥用量降至 400 余吨。

2007 年,由于国家对农业生产的重视及保证粮食安全的需要,各项惠农政策相继出台。农业部、财政部在全国安排测土配方施肥资金补贴试点项目,目的在于促使农业生产施肥更加科学平衡,减少过量施肥,节约资源,保护农业生态环境,优化农产品品质,使农业节本增效,进一步增加农民收入。镇平县被选定为该项目的第二批试点县,通过三年来在项目实施中对测土配方施肥技术的大力宣传推广及相应的配套工作,全县广大农民对测土配方施肥已初步形成较为广泛的共识。施肥结构明显改善,配方肥、复合肥的施用全面普及,单一施肥现象已经减少,充分显示出测土配方施肥的社会效益和经济效益,在化肥施用方面迈上了更加科学的新台阶。

二、有机肥施用历史及现状

中华人民共和国成立初期,沿用旧时的传统农业,施用的是传统的农家肥,包括人畜粪尿、堆沤的土肥,饼肥、老墙土、坑泥等土杂肥。20 世纪五六十年代县政府非常重视积肥工作,全县推广高台牛铺积肥法;70 年代后期到 80 年代推广了高温积肥法,利用伏季高温,把麦收后的秸秆、秋季杂草再掺入一些人畜粪尿堆起加足水,外边搪上泥,使其缺氧发酵成肥。亩施肥 4000 千克以上。90 年代以后,由于实行了家庭联产承包责任制,化肥使用得到了普遍推广,有机肥的积造和施用已很少。

针对化肥施用量大幅度增加,而有机肥用量减少,土壤理化性质恶化,营养比例失调,抗灾能力下降的严重问题,于1995年开始实施"沃土计划"。广积以土杂肥为主的有机肥,开展了"冬季百日增肥"和"夏季高温积肥"竞赛活动,年积制有机肥达400万立方米,平均亩施3立方米以上。1998年组织实施了"补钾工程"。补钾面积50万亩以上,并且推广小麦高留茬、秸秆还田等措施,使土壤肥力有了提高。全县粮食年总产由1995年的3.0亿千克,提高到1999年的3.6亿千克,增长12%,显现了实施"沃土计划"的增产作用。

三、化肥施用现状

近几年来,镇平县农户单一施肥现象已基本消失,大部分农民通过各级农业技术部门,特别是土肥技术部门对科学施肥、配方施肥、平衡施肥技术的大力宣传,科学施肥意识有了很大提高。但少数农民,还缺乏科学施肥技术依据,仅靠听广告,看包装、凭经验施肥,虽然能取得较高的作物产量,但不能获得最佳的产投效益。

(一)小麦施肥现状

在小麦施肥方面,经过了以下几个阶段:

1. 粗配方阶段

始起于20世纪80年代初,当时根据多年的生产实践及部分的土壤样品化验结果,镇平大部分土壤缺速效磷,并根据技术人员的肥料试验,施磷肥增产效果明显。因此,首先在小麦上推广"双百斤",即以百斤碳铵、百斤磷肥的粗配方作底肥,使小麦增产显著。1987年小麦亩产276千克,较1979年亩产133千克增产143千克,是1979年亩产的2倍多。

2. 初配方阶段

20世纪80年代末到90年代初,开始推广初配方的施肥方法,即根据作物的不同需求而实施的配方,如小麦、玉米主要是氮磷配比,红薯、土豆是氮钾配比,烟叶是氮磷钾配比。

3. 优化配方阶段

20世纪90年代末推广了优化配方施肥,即根据耕层养分含量和产量指标计算出作物需肥量的平衡施肥方法。如1998年全县化验土壤和肥料样品270项次,配方施肥122万亩,其中小麦76万亩(内有初配方56万亩、优化配方20万亩)、玉米10万亩、水稻2万亩、棉花9.4万亩、红薯10万亩,其他14.6万亩,增产率在17.6%~24%。

1999年根据不同类型制订不同的配方模式。2001年在实施"沃土计划"和"补钾工程"中,在增施有机肥料的基础上做到氮、磷、钾与微量元素科学配合,大力推广优化配方施肥法。根据土壤肥力基础,小麦产量指标,确定合理施肥模式,提出了亩产400~500千克的高产麦田,亩施有机肥5000千克,碳铵60~70千克,过磷酸钙50~60千克、钾肥10千克。亩产300千克左右的中产麦田,亩施有机肥3000千克、碳铵45~55千克、过磷酸钙40~50千克、钾肥5~8千克的施肥模式。

4. 测土配方施肥阶段

2007~2009年,在国家测土配方施肥项目推动下,首先对全县6300个土样进行化验,样点覆盖全县409个行政村,并安排了小麦3414田间肥效试验和小麦田间示范对比校正试验共100个,然后根据全县不同土类,制订小麦高产优质配方施肥模式,编印发放小麦配方施肥建议卡3万份,提供施肥配方3个,即南部平原黄褐土高产区每亩施入纯氮9千克,五氧化二磷6千克,氧化钾5千克,氮、磷、钾比例为1:0.7:0.6;南部平原砂姜黑土麦区每亩施入纯氮10千克,五氧化二磷6千克,氧化钾6.5千克,氮、磷、钾比例为1:0.5:0.6;北部丘陵、低山麦区每亩施入纯氮9千克,五氧化二磷6千克,氧化钾4千克,氮、磷、钾比例为1∶0.7∶0.5;测土配方施肥面积达到30万亩,虽然取得了小麦平均亩产达443.5千克,但施肥结构并不合理,存在氮肥投入偏高,而钾肥投入很低,磷肥的投入也偏高。在施肥方法上,底施氮肥也大部分过量,造成氮肥资源及经济上的浪费。这种施肥方法占全县农户的60%,面积30万亩。

(二)玉米施肥现状

玉米施肥方面,镇平县夏玉米多采用麦后抢时直播、少数麦垄套种的方法,没有基肥施入,仅靠追肥为玉米提供养分来保证玉米丰产丰收。通过调查,全县玉米平均亩产390千克,每亩习惯投入纯氮12千克,五氧化二磷6千克,氮、磷、钾比例为1∶0.5∶0。有40%的农户施用氮肥且用量偏多,大部分在13千克纯氮左右,施用方法也为一次性追施。有25%的农户两次施肥,一次施复合肥,一次施氮肥。有10%的农户一次性施用复合肥,每亩用量在40~50千克。从整体上看玉米施肥方面,纯氮用量过大,而磷、钾肥的施用较少,难以适应玉米生产的需要。

通过测土配方施肥项目的实施,测土配方施肥技术的大力推广宣传,2007~2009年的施肥情况逐渐趋于合理。高产区每亩施入纯氮13千克,五氧化二磷6千克,氧化钾3.5千克,氮、磷、钾比例为1∶0.46∶0.28;中产区每亩施入纯氮11千克,五氧化二磷5千克,氧化钾4千克,氮、磷、钾比例为1∶0.45∶0.36;平均示范区亩产达到了565.3千克。但具体的施肥指标体系还需实践验证,进一步科学合理,以便于指导生产。

(三)花生施肥现状

花生作为油料作物在镇平县的栽培面积逐年扩大,在花生施肥上了不施肥、单一施肥、氮磷钾配合施肥及氮磷钾配合中、微量元素施肥阶段。20世纪80年代花生基本不施肥,90年代初增施碳铵或磷肥,90年代后期随着氮磷钾复合肥在农作物上的广泛应用,花生的施肥技术也在逐步改进,在测土配方施肥项目的实施中,大力推广施肥技术,制定了每亩施入纯氮7千克,纯磷5千克,钾肥5~8千克的施肥配方,并在生产中进行推广,使夏花生平均亩产量达到256千克,最高亩产可达400千克以上。但存在氮磷钾配比不合理,重视化肥、基肥,轻视有机肥、中微量元素,轻追肥的问题,肥料利用率不高。

四、大量元素氮、磷、钾比例、利用率

根据2007~2009年农户施肥情况调查结果,在小麦上,氮、磷、钾施肥比例为1∶(0.5~0.7)∶(0.5~0.6),其肥料利用率为氮32%左右、磷15%左右、钾41%左右;在玉米上,氮、磷、钾施肥比例为1∶(0.45~0.46)∶(0.23~0.36),其肥料利用率氮34%左右、磷18%左右、钾46%左右。在花生上氮、磷、钾施肥比例为1∶0.5∶0.5。

五、施肥实践中存在的主要问题

(一)有机肥用量偏少

国家实行土地承包责任制后,随着农村劳动力的大量外出转移,农户在施肥方面重化肥施用,忽视有机肥的投入,人畜粪尿及秸秆沤制大量减少,有机肥和无机肥施用比例严重失调,造成土壤板结,通透性差,保水保肥能力下降。

（二）化肥施用量不合理

通过农户施肥情况调查分析，在小麦生产施肥上有50%的农户施肥超量，主要是氮素肥料超量，而钾肥施用量偏少。有30%的农户存在施肥不足现象，影响着小麦产量、质量及经济效益的提高。玉米施肥方面，有60%的农户仅施用氮素肥料，且用量偏多，并多用碳酸氢铵。复合肥、专用配方肥的施用面积较少，磷、钾的施用量严重不足，难以适应玉米苗期对磷、钾肥的需求，而影响壮苗早发，扩大根系生长的玉米丰产基础，进而影响玉米产量的提高。

（三）化肥施用方法不当

小麦上主要存在只施用底肥、不习惯追肥的现象，容易造成小麦生育前期群体过大，通风透光条件差，病虫害加重的情况；生育后期脱肥早衰和倒伏现象的发生，造成小麦减产、品质下降的不良后果。玉米施肥上存在一炮轰、撒施及重氮轻磷钾现象，有部分农户亩碳酸氢铵用量达100千克以上，尿素施用量超过40千克以上，且采用撒施方法，造成肥料挥发流失、利用率低的现象发生，难以发挥肥料在玉米生产中的应有增产作用。

第二章 土壤与耕地资源特征

第一节 土壤类型及分布

一、土壤分类系统

土壤是多种因素影响下变化的客体,各种因素的不同组合方式导致了土壤类型的多样性、复杂性,科学地进行土壤分类,既有利于土壤科学的发展和提高,又能为农、林、牧业生产结构的调整、经营管理土地、恰当地评价和开发土地资源提供可靠的科学依据。

从 1984 年 3 月初开始,到 1986 年 10 月止,开展了第二次土壤普查工作。地县农业局组织土壤普查队员 31 人翻山越岭,不辞劳苦,踏遍全县 1491 平方千米的各个角落,共挖掘土壤剖面 5682 个,取纸盒样 2004 个,诊断样 231 个,耕层农化样 1315 个,绘制乡级各种草图 66 幅,丈量了各类土地土壤面积,基本上完成了野外作业和对全县土壤进行普查的任务。随后两年,分析化验了土壤耕层养分含量,测定土样的不同土层养分含量及其机械组成,编绘了 1/50000 县土壤分布图(见附图 1),土壤有机质、全氮、速效磷、速效钾等养分分级图,土地利用现状图和土壤改良利用分区图,填写了各种成果汇总表格。最后于 1986 年 10 月编写了《镇平土壤》一书。

镇平县第二次土壤普查中,为了能全面反映县内土壤特征特性,分类系统采用土类、亚类、土属、土种四级分类制。经过土壤普查,确定本县土壤为 6 个土类 12 个亚类 31 个土属 93 个土种。这 6 个土类分别为黄棕壤土、砂姜黑土、潮土、棕壤土、水稻土、紫色土。测得全县土壤面积 123686.67 公顷,耕地面积 84000 公顷。

(一)土壤分类的原则

为了拟定一个能够全面反映镇平县土壤特征特性的统一的土壤分类系统,首先把土壤发生学的观点作为土壤分类所应遵循的最基本的原则;其次将自然土壤和耕种土壤统一在同一个分类系统中,既考虑不同土壤在发生上的相互联系,又照顾到它各自的特点,使土壤本身发生发展规律和肥力状况在分类系统中得到正确反映;第三在进行土壤分类时把成土条件、成土过程和土壤属性三者结合起来,综合运用,但考虑到土壤属性是成土条件和成土过程的具体表现,所以把土壤属性的差异作为土壤分类的主要依据。

遵照全国、全省暂行分类方案,结合镇平县实际情况,采用了土类、亚类、土属、土种四级分类制,充分体现了群众性与科学性、系统性与生产性的高度统一。

(二)土壤分类的依据

1. 土类

土类是高级分类的基本单元,它是根据成土条件、成土过程以及由此而产生的特定的土壤属性而划分的。同一个土类是在自然条件和人为因素的共同作用下,经过漫长的的主导成土过程,或除主导成土过程外还有附加的(次要的)成土过程的一群土壤。不同土类的土体构型（发生层段），理化和生物特性具有明显的质的差异，形成不同土类的生物气候、水文地质、地貌类型及耕作栽培制度等方面显著的区别，同一土类有相似的土壤肥力和相应的改良利用方向，所以说同一土类没有质的差别，只有量的差异，即发育阶段的差异，例如在南部低洼平原地区的砂姜黑土土类，其划分依据是：成土母质是湖相沉积物并具有腐泥状黑土层（有的还含有砂姜），其主要成土过程包括生物累积、淋溶淀积、沼泽化以及旱耕熟化等。又如黄棕壤土类主要依据它处于东南信风带之中，雨热同季，土体中黏粒下移，具有呈块状或棱块状结构的黏重的黄棕色心土层，结构体表面被覆灰褐或暗棕色胶膜，土体中有铁锰结核等特点而划分的。

2. 亚类

亚类是土类范围内的不同发育阶段。同一亚类的剖面形态与性质基本相同，改良利用方向基本一致。

3. 土属

土属既是亚类的续分，又是土种的归纳，是承上启下的分类单元，主要是依据母质、剖面形态特征、水文地质条件和地貌类型等因子划分的同一土属具有共同的属性，改良利用方向更趋一致。例如：黄褐土亚类中的砂姜黄胶土土属，就是根据它处在垄岗地带，发育在下蜀季黄土母质上并含有砂姜的特点而确立的，不含砂姜的则划为黄胶土土属。又如在砂姜黑土亚类中，根据地相沉积物中有无石灰反应划分为灰质砂姜黑土和砂姜黑土两个土属，又根据其上覆盖物有无石灰反应划分为灰质黑老土和黑老土两个土属。

4. 土种

土种是基层分类的基本单元，土种之间表现出土壤属性在量上的差别，而不反映质变。同一土种发生在同一母质上，具有相同的土体构型和发育程度，肥力水平基本一致。同一土种的特性具有相对的稳定性，一般的耕作措施在短期内不能使其改变，但可在特殊改土措施影响下发生变化。划分土种的具体指标如下：

（1）诊断土层层位（如砂姜层、黏化层等）：离地表 20~50 厘米出现的称作浅位，离地表 50 厘米以下出现的叫深位。

（2）诊断土层厚度（如砂姜层，黏化层等）：10~20 厘米为薄层，20~50 厘米为中层，大于 50 厘米为厚层。

（3）覆盖土层的厚度：小于 30 厘米为薄覆，大于 30 厘米为厚覆。

（4）砂姜含量：土体中砂姜含量在 10%~30% 的为少量，30%~60% 的为多量，大于 60% 的为砂姜层。

（5）低山丘陵地区土体厚度：小于 30 厘米为薄层，30~60 厘米为中层，大于 60 厘米为厚层。

（6）砾石含量：砾石含量在 5~10% 的为少量，10%~30% 的为中量，30%~70% 的为多量，大于 70% 的为砾石层。

（7）有机质层：厚度小于 20 厘米为薄有机质层，大于 20 厘米为厚有机质层。

（8）质地：依照卡庆斯基质地分级标准，土壤质地共分为砂土类（包括粗砂土、细砂土和沙壤土）、壤土类（包括轻壤土、中壤土和重壤土）和黏土类（包括轻黏土、中黏土和重黏土）等三类九级。野外工作期间，考虑到目视手摸法可能达到的准确度，只采用了粗砂土、细砂土、沙壤土、轻壤土、中壤土、重壤土和黏土等七种质地名称。

潮土土类各土种的划分主要依据表层质地,表层质地不同,土种名称不同。当全剖面质地相同或只差一级者作为匀质处理,相差两级或两级以上者作为异质土层处理,其厚度小于10厘米的省略而不计。根据各异质土层在1米土体内的排列组合方式的不同,划分为"夹、腰、体、底"等四种土体构型,本县没有"夹、腰",只有"体、底"两种构型,离地表20~50厘米出现大于50厘米的异质土层,叫作"体",如体砂灰小两合土。离地表50厘米以下出现大于20厘米的异质土层叫作"底",如底砂灰小两合土。

(三)土层符号

本书所有土层符号及含义说明如下:

1. 旱耕地

A_{11}—耕作层,A_{12}—亚耕层,C_1—心土层,C_2—底土层,C_U—铁锈斑纹层,C_k—碳酸钙沉积层。

2. 水稻土

Aa—耕层,Ap—犁底层,P—渗育层,W—潴育层,E—漂白层,G—潜育层。

3. 其他土壤

O—凋落物有机质层,A—表层或淋溶层,A_8—草根层,B—母质特征消失的心土层,C—受成土作用少的母质层,R—坚硬岩石。

4. 土层符号下角标

b—埋藏或重叠,c—结核或硬结核,e—漂洗特征,g—潜育特征,h—有机质积累,k—石灰淀积,n—碱化特征,t—黏化特征,u—铁锈斑纹特征,x—脆盘,z—易溶盐聚积。

(四)土壤的命名

土类主要按照土壤发生学命名,反映了土壤形成的地带性、区域性。黄褐土土类的命名,就体现了它既不同于亚热带的黄壤,也非暖温带的棕壤,而是在北亚热带向暖温带过渡的生物气候条件下形成发育起来的地带性土壤。砂姜黑土土类命名,则主要反映了它受一定范围内的地貌类型、成土母质和地下水状况的区域性影响。

亚类一级采用联系命名法,热带向暖温带过渡的生物气候条件下形成发育起来的,为了反映亚类与土类在发生上的联系,亚类一级采用联系命名法,即在土类名称前面冠以简洁的词汇,表示其不同发育阶段,如典型黄褐土亚类等。

土属的命名,土属的命名主要是根据成土母质类型,提练群众的习惯叫法,或附加其他特征作形容词,或连续命名,如灰两合土、黄胶土、黑老土、砂姜黑土土属等。

土种的名称则是由表层质地及土体构型而定,一般在土属前面加上土体构型连续命名或单独命名等,如体砂灰小两合土、浅位厚层黄胶土、壤质厚覆黑老土、壤黄土土种等。

2007~2009年利用第二次土壤普查成果,结合测土配方施肥项目,开展了地力评价工作,为便于资料共享,统一进行了县土类、亚类、土属、土种与河南省土壤土类、亚类、土属、土种进行对接工作,对接后为9个土类,分别是潮土、粗骨土、砂姜黑土、黄棕壤土、棕壤、水稻土、紫色土、黄褐土、红黏土19个土属41个土种。由于棕壤分布在海拔1100米以上的林地,所以不再进行描述。

第二次土壤普查镇平县土壤分类系统见表2-1。

表 2-1　第二次土壤普查镇平县土壤分类系统

土类		亚类		土属		土种	
代号	名称	代号	名称	代号	名称	代号	名称
Ⅱ	潮土	Ⅱ1	黄潮土	Ⅱ1－2	两合土	Ⅱ1－2－1	小两合土
						Ⅱ1－2－8	两合土
						Ⅱ1－2－10	底砂两合土
		Ⅱ2	灰潮土	Ⅱ2－1	灰砂土	Ⅱ2－1－1	灰粗砂土
				Ⅱ2－2	灰两合土	Ⅱ2－2－1	灰小两合土
						Ⅱ2－2－4	体砂灰小两合土
						Ⅱ2－2－6	底砂灰小两合土
						Ⅱ2－2－8	灰两合土
						Ⅱ2－2－11	底砂灰两合土
Ⅴ	砂姜黑土	Ⅴ1	砂姜黑土	Ⅴ1－1	砂姜黑土	Ⅴ1－1－1	青黑土
						Ⅴ1－1－5	浅位少量砂姜黑土
						Ⅴ1－1－7	深位少量砂姜黑土
						Ⅴ1－1－10	浅位厚层砂姜黑土
						Ⅴ1－1－13	深位厚层砂姜黑土
				Ⅴ1－3	黑老土	Ⅴ1－3－2	壤质厚覆黑老土
						Ⅴ1－3－3	黏质薄覆黑老土
						Ⅴ1－3－4	黏质厚覆黑老土
						Ⅴ1－3－15	黏质薄覆浅位厚层黑老土
						Ⅴ1－3－21	黏质薄覆深位厚层黑老土
						Ⅴ1－3－24	黏质厚覆深位厚层黑老土
						Ⅴ1－3－26	壤质厚覆深位厚层黑老土
				Ⅴ1－4	灰质砂姜黑土	Ⅴ1－4－1	灰黑土
						Ⅴ1－4－5	灰质浅位多量砂姜黑土
						Ⅴ1－4－7	灰质深位多量砂姜黑土
						Ⅴ1－4－10	灰质浅位厚层砂姜黑土
						Ⅴ1－4－13	灰质深位厚层砂姜黑土
				Ⅴ1－5	灰质砂姜黑土	Ⅴ1－5－2	灰壤质厚覆黑老土
						Ⅴ1－5－4	灰黏质厚覆黑老土
						Ⅴ1－5－15	灰黏质薄覆浅位厚层砂姜黑土
						Ⅴ1－5－21	灰黏质薄覆深位厚层砂姜黑土
						Ⅴ1－5－24	灰黏质厚覆深位厚层砂姜黑土

土类		亚类		土属		土种	
代号	名称	代号	名称	代号	名称	代号	名称
V	砂姜黑土	V1	砂姜黑土	V1-6	白底黑土	V1-6-1	薄层白底黑土
						V1-6-2	中层白底黑土
						V1-6-3	厚层白底黑土
VI	黄棕壤	VI1	黄棕壤	VI1-2	淡岩黄棕壤	VI1-2-1	薄有机质薄层淡岩黄棕壤土
		VI2	粗骨性黄棕壤	VI2-2	淡岩黄砂石土	VI2-2-6	中砾质厚层淡岩黄砂石土
						VI2-2-7	多砾质薄层淡岩黄砂石土
				VI2-3	灰质岩	VI2-3-1	少砾质薄层灰质岩黄砂石土
					黄砂石	VI2-3-7	多砾质薄层灰质岩黄砂石土
VI	黄棕壤	VI3	黄褐土	VI3-1	砂姜黄胶土	VI3-1-1	浅位少量砂姜黄胶土
						VI3-1-4	浅位多量砂姜黄胶土
						VI3-1-6	浅位中层砂姜黄胶土
						VI3-1-7	浅位厚层砂姜黄胶土
						VI3-1-10	深位厚层砂姜黄胶土
						VI3-1-12	多量砂姜黄胶土
				VI3-2	黄胶土	VI3-2-3	浅位厚层黄胶土
				VI3-3	灰石红土	VI3-3-2	少砾质灰石红土
						VI3-3-6	少砾质中层灰石红土
						VI3-3-15	中层灰石红土
				VI3-5	黄老土	VI3-5-1	黄老土
						VI3-5-2	壤黄土
						VI3-5-3	老黄土
				VI3-7	淡岩黄褐土	VI3-7-7	薄层淡岩黄褐土
						VI3-7-8	中层淡岩黄褐土
						VI3-7-9	厚层淡岩黄褐土
				VI3-10	山黄土	VI3-10-1	山黄土
						VI3-10-4	厚层山黄土
				VI3-11	山沙土	VI3-11-2	厚层山沙土
						VI3-11-8	中砾质中层山沙土
				VI3-13	白底黄土	VI3-13-1	薄层白底黄土
						VI3-13-2	中层白底黄土
						VI3-13-3	厚层白底黄土

土类		亚类		土属		土种	
代号	名称	代号	名称	代号	名称	代号	名称
Ⅵ	黄棕壤	Ⅵ3	黄褐土	Ⅵ3－14	灰质黄老土	Ⅵ3－14－1	灰质黄老土
						Ⅵ3－14－2	灰质壤黄土
						Ⅵ3－14－3	灰质老黄土
				Ⅵ3－15	灰质砂姜黄胶土	Ⅵ3－15－3	灰质浅位厚层黄胶土
						Ⅵ3－15－7	灰质浅位少量砂姜黄胶土
						Ⅵ3－15－9	灰质深位少量砂姜黄胶土
						Ⅵ3－15－13	灰质浅位厚层砂姜黄胶土
						Ⅵ3－15－16	灰质深位厚层砂姜黄胶土
						Ⅵ3－15－17	灰质少量砂姜黄胶土
Ⅵ	黄棕壤	Ⅵ4	粗骨性黄褐土	Ⅵ4－2	淡黄石渣土	Ⅵ4－2－1	少砾质薄层淡黄石渣土
						Ⅵ4－2－2	少砾质中层淡黄石渣土
						Ⅵ4－2－4	中砾质薄层淡黄石渣土
						Ⅵ4－2－7	多砾质薄层淡黄石渣土
						Ⅵ4－2－8	多砾质中层淡黄石渣土
						Ⅵ4－2－9	多砾质厚层淡黄石渣土
						Ⅵ4－2－17	浅位厚层淡黄石渣土
				Ⅵ4－3	灰黄石渣土	Ⅵ4－3－1	少砾质薄层灰黄石渣土
						Ⅵ4－3－2	少砾质中层灰黄石渣土
						Ⅵ4－3－3	少砾质厚层灰黄石渣土
						Ⅵ4－3－8	多砾质薄层灰黄石渣土
Ⅶ	棕壤	Ⅶ1	棕壤	Ⅶ1－2	淡岩棕壤	Ⅶ1－2－1	薄有机质薄层淡岩棕壤土
Ⅷ	水稻土	Ⅷ2	潴育型	Ⅷ2－1	黄棕潴育型	Ⅷ2－1－3	浅位厚层黄胶泥田
						Ⅷ2－1－8	浅位中层老黄泥田
					潮土潴育型	Ⅷ2－2－6	体黏灰潮沙泥田
						Ⅷ2－2－8	灰潮壤泥田
		Ⅷ3	潜育型	Ⅷ3－1	黄棕潜育型水稻土	Ⅷ3－1－3	浅位厚层青泥田

土类		亚类		土属		土种	
代号	名称	代号	名称	代号	名称	代号	名称
IX	紫色土	IX2	紫色土	IX2-2	紫色黏土	IX2-2-3	浅位厚层黄色黏土
				IX2-3	砾质紫土	IX2-3-4	少砾质厚层紫色土
		IX3	灰质紫土	IX3-1	灰质紫土	IX3-1-3	厚层灰质紫色土
				IX3-3	灰砾紫土	IX3-3-1	少砾质薄层灰质紫色土
						IX3-3-7	多砾质薄层灰质紫色土

二、与河南省土种对接后的土壤类型

根据农业部和河南省土肥站的要求,将县土种与省土种进行对接,对接后共有 42 个土种,对接与土种合并情况见表 2-2。

表 2-2　河南省土种名称与县土种名称对接表

省土类名称	省亚类名称	省土属名称	省土种名称	县土种名称
粗骨土	钙质粗骨土	灰泥质钙质粗骨土	薄层钙质粗骨土	多砾质薄层淡岩黄砂石土
				少砾质薄层灰质岩黄砂石土
				多砾质薄层灰质岩黄砂石土
			厚层钙质粗骨土	中砾质厚层淡岩黄砂石土
	中性粗骨土	麻砂质中性粗骨土	薄层硅铝质中性粗骨土	多砾质薄层淡黄石渣土
				少砾质薄层淡黄石渣土
				中砾质薄层淡黄石渣土
				少砾质薄层灰黄石渣土
			厚层硅铝质中性粗骨土	多砾质厚层淡黄石渣土
				浅位厚层淡黄石渣土
				少砾质厚层灰黄石渣土
			中层硅铝质中性粗骨土	少砾质中层淡黄石渣土
				多砾质中层淡黄石渣土
				少砾质中层灰黄石渣土
				多砾质中层灰黄石渣土
红黏土	典型红黏土	典型红黏土	厚层石灰性红黏土	灰石红土
				少砾质灰石红土
				中层灰石红土

省土类名称	省亚类名称	省土属名称	省土种名称	县土种名称
黄棕壤	典型黄棕壤	硅铝质黄棕壤	中层硅铝质黄棕壤	薄有机质薄层淡岩黄棕壤
				薄层淡岩黄褐土
				中层淡岩黄褐土
			厚层硅铝质黄棕壤	厚层淡岩黄褐土
	黄棕壤性土	硅铝质黄棕壤性土	厚层硅铝质黄棕壤性土	中砾质中层山砂土
		砂泥质黄棕壤性土	厚层砂泥质黄棕壤性土	厚层山砂土
棕壤	典型棕壤	麻砂质棕壤	中层硅铝质棕壤	薄有机质薄层淡岩棕壤
黄褐土	典型黄褐土	黄土质黄褐土	浅位多量砂姜黄土质黄褐土	多量砂姜黄胶土
				浅位中层砂姜黄胶土
				浅位厚层砂姜黄胶土
			浅位少量砂姜黄土质黄褐土	浅位少量砂姜黄胶土
				灰质浅位少量砂姜黄胶土
				灰质少量砂姜黄胶土
			深位少量砂姜黄土质黄褐土	灰质深位少量砂姜黄胶土
				灰质深位厚层砂姜黄胶土
			深位多量砂姜黄土质黄褐土	深位厚层砂姜黄胶土
				深位多量砂姜黄胶土
			浅位黏化黄土质黄褐土	浅位厚层黄胶土
				灰质浅位厚层砂姜黄胶土
				灰质浅位厚层黄胶土
				薄层白底黄土
				中层白底黄土
				厚层白底黄土
		泥砂质黄褐土	洪冲积黄褐土	山黄土
				壤黄土
				厚层山黄土
				灰质壤黄土
			浅位黏化洪冲积黄褐土	老黄土
				灰质老黄土
			深位黏化洪冲积黄褐土	黄老土
				灰质黄老土

省土类名称	省亚类名称	省土属名称	省土种名称	县土种名称
紫色土	中性紫色土	紫泥土(泥质中性紫色土)	厚层泥质中性紫色土	浅位厚层紫色黏土
		紫砂土(砂质中性紫色土)	厚层砂质中性紫色土	少砾质厚层紫色土(砾质紫色石渣土)
	石灰性紫色土	砂质石灰性紫色土	厚层砂质石灰性紫色土	厚层灰质紫色土
			薄层砂质石灰性紫色土	少砾质薄层灰质紫色土
				多砾质薄层灰质紫色土
水稻土	潜育水稻土	青泥田(黄褐土性潜育型水稻土)	浅位青泥田	浅位厚层青泥田
	潴育水稻土	黄泥田(黄褐土性潴育型水稻土)	浅位厚层黄胶泥田	浅位厚层黄胶泥田
				浅位中层老黄泥田
		潮泥田(潮土性潴育型水稻土)	潮壤泥田	体黏灰潮砂泥田
				灰潮壤泥田
潮土	灰潮土	灰潮砂土	灰砂土	灰粗砂土
		灰潮壤土	灰两合土	灰两合土
				两合土
			底砂灰两合土	底砂灰两合土
				底砂两合土
			底砂灰小两合土	底砂灰小两合土
			灰小两合土	灰小两合土
				小两合土
			浅位砂灰小两合土	体砂灰小两合土
砂姜黑土	典型砂姜黑土	覆泥黑姜土	壤覆深位钙盘砂姜黑土	壤质厚覆深位厚层砂姜黑老土
			壤覆砂姜黑土	壤质厚覆黑老土
				灰壤质厚覆黑老土
			黏覆砂姜黑土	灰黏质厚覆黑老土
				灰黏质厚覆深位厚层砂姜黑土
				黏质厚覆深位厚层砂姜黑老土
				黏质厚覆黑老土

省土类名称	省亚类名称	省土属名称	省土种名称	县土种名称
砂姜黑土	典型砂姜黑土	覆泥黑姜土	黏覆砂姜黑土	黏质薄覆黑老土
				薄层白底黑土
				中层白底黑土
				厚层白底黑土
			黏质薄覆钙盘砂姜黑土	灰黏质薄覆深位厚层砂姜黑土
				黏质薄覆深位厚层砂姜黑老土
			黏覆浅位钙盘砂姜黑土	灰黏质薄覆浅位厚层砂姜黑土
				黏质薄覆浅位厚层砂姜黑老土
		青黑土	青黑土	青黑土
				灰黑土
		黑姜土	深位少量砂姜黑土	深位少量砂姜黑土
			深位钙盘砂姜黑土	深位厚层砂姜黑土
				灰质深位多量砂姜黑土
				灰质深位厚层砂姜黑土
			浅位少量砂姜黑土	浅位少量砂姜黑土
			浅位钙盘砂姜黑土	浅位厚层砂姜黑土
				灰质浅位多量砂姜黑土
				灰质浅位厚层砂姜黑土

第二节　耕地土壤特性与分布

耕地土壤,一方面是在各种自然条件作用下发生发展起来的,仍保持着自然土壤的一定性质;另一方面又在人们定向培育下起了深刻的变化,因此我们也可以说,耕地土壤是自然环境与人为频繁耕作活动共同作用下的产物。镇平县共有八大土类,其面积及分布因土类的不同而不同,见表2-3。

一、主要土类及分布

(一)潮土土类

镇平县潮土发育在近代河流冲积物上,是经旱耕熟化而形成的幼年土壤。沉积物组成与河水流速极为密切,离河道越近,泛滥流速越大,沉积物质越粗,土壤多为砂质土;距离主流越远,流速愈小,沉积物质越细,土壤多为壤质土。即使同一地点,由于不同年份、不同季节降水量不同,水流速度不同,沉积物的颗粒粗细差异甚大,符合"慢淤紧砂,不紧不慢两掺杂"的沉积规律,故潮土质的层次极为明显。但潮土形成时间较晚,属幼年土壤,故发育层次不甚明显。

表 2-3　各土类面积分布情况　　　　　　　　　（单位:公顷）

乡(镇、街道)名称	省土类名称								
	潮土	粗骨土	红黏土	黄褐土	黄棕壤	砂姜黑土	水稻土	紫色土	总计
安字营乡	1.98			1183.89		4061.30			5247.17
晃陂镇	9.69			2053.86		912.76			2976.31
二龙乡		580.91	267.93	14.92	342.98		10.79		1217.53
高丘镇		2684.20	0.23	2258.33	146.91			1614	6704.04
郭庄回族乡				111.44		1119			1230.44
侯集镇	37.56			2358.93		2453.79			4850.28
贾宋镇	4.01			1433.43		2264.75			3702.19
老庄镇	61.38	1451.38		1950.83	473.04		56.23		3992.86
柳泉铺乡	37.19	325.36		2187.53	1001.51	672.67			4224.26
卢医镇		129.67		2699.31	799.39	179.71		1.37	3809.45
马庄乡	49.9			1230.82		1559.52			2840.24
涅阳街道				21.46		16.08			37.54
彭营乡	111.4	10.97		744.58	61.06	4432.65			5360.68
曲屯镇		242.14		3178.78		195.39			3616.31
石佛寺镇	474.8	1019.23	11.16	1948.89	1040.47			4.88	4499.46
王岗乡		274.47		2492.05	11			3.05	2780.57
雪枫街道				583.6	161.87	1225.69			1971.16
杨营镇	150.4			1967.08		1774.47			3891.95
玉都街道	66.68	502.96	41.07	1634.52	832	279.35			3356.58
枣园镇	5.72	14.41		2671.39		1683.94			4375.46
张林乡				528.23		5842.34			6370.57
遮山镇	151.9	380.46	69.17	2692.25	175.77	228.04			3697.59
总计	1163	7616.16	389.56	35946.1	5046	28901.45	67.02	1624	80752.64

潮土多靠近河流,地下水丰富,水层浅,一般在 1.5～3.0 米,且随季节性变化而升降频繁,土体下氧化还原交替进行,产生不同程度锈纹锈斑等新生体。另外,地下水沿气管上升和气态水向上扩散,有夜潮回润现象。

本土壤沙黏比例适中,通气透水,土性温暖性能好。养分转化快,水、热、气较为协调,耕性良好,适耕期长,耕耙质量较高,适宜种植各种作物,发小苗又发老苗。但有机质、全氮含量一般,有效磷含量低,要注意增施有机肥,搞好氮磷配合。

潮土土壤总面积1163公顷,占全县土壤面积的 1.4%,分布于赵河和潦河沿岸。潮土为近代河流冲积物,经旱耕熟化形成的幼年土壤,呈浅黄色。

(二)砂姜黑土

砂姜黑土的成土母质为第四系上更新的湖相沉积物,它是在沼泽草甸基础上经脱沼泽耕种熟化而成的一种区域性土壤。

砂姜黑土分布在县内南部,在地层上属南阳盆地新野组。成土时地势低洼,集水面广,排水不畅,长期积水,湿生草本植物丛生,加上嫌气性的生物积累,形成了"黑土层"后,在洼地上继续接受沉积物,使地面抬高,逐渐摆脱积水状态,加上地下水位下降,在干湿交替变化下,有机质分解产生二氧化碳,形成碳酸,后转变成碳酸氢钙,随水下移到土体下部,在多种因素影响下,放出二氧化碳重新结晶为碳酸钙沉积后与土粒黏结,形成砂姜层。易变价铁、锰化合物湿时还原淋溶,干时氧化淀积,形成铁锰胶膜或结核存在于土体中、下部。

本土类总面积28901.45公顷,占全县土壤总面积的35.8%。其特点是黑土层裸露地表、最薄27厘米,最厚可达100厘米。质地一般为重壤土,有的为黏土,质地黏重,通透性差、排水不良。地下水位偏高,土壤中呈水多气少的状态,温度变幅小,土性偏冷,使其在生产上表现出冷、湿、黏的不良性状,又因黏粒胀缩系数大,干时土体收缩,地面裂缝跑墒挣断根系,损伤作物,湿时黏粒迅速膨胀,影响通气,作物根系缺氧而受害,土壤抗逆性偏低,惧涝怕旱耕性差。适耕期短,耕地困难,质量低。但代换量高,保肥稳肥性能强,潜在肥力高,作物后期不易脱肥,属后发型土壤。

(三)黄棕壤

黄棕壤是由酸性岩类风化物发育而成的,在湿热气候条件影响下,一般都具有明显的淋溶淀积过程及次生黏化作用,所以土体下部质地黏重,有明显的淀积层及胶膜。又由于处于垄岗与低山丘陵的过渡地带并经过长期的流水侵蚀,土体厚薄不一。

该类土壤面积5046公顷,占全县土壤总面积的6.2%,主要分布在县城北部的低山丘陵区。

(四)黄褐土

由于受东南季风的影响,夏季多雨、冬季干旱、高温与雨季同时出现,生物循环与母质风化强烈进行。钾、钠、钙、镁等盐基离子不断地从岩石中分解出来。随雨水淋失。由于该土类心土层和底土层质地黏重、结构紧实,滞水性强,故淋溶不深,一般40厘米上下。在周期性干湿交替作用下,形成铁锰胶膜和铁锰结核等新生体,在黄土母质中发育而来。它经过人类长期的耕种及其他生产活动的影响,表土不断熟化,质地逐渐变轻,耕层增厚,肥力上升,是本县耕种土壤的主要类型。

黄褐土分布范围广,遍及全县22个乡镇及街道办事处,多出现在海拔300米以下的地区,土壤面积35946.1公顷,占全县总耕地面积的44.5%。

(五)粗骨土

粗骨土主要分布在海拔300~1100米的低山丘陵地区,坡度大,地表水土流失严重,且含有较多砾质。其特点是土层浅薄,质地较粗,保水保肥性差,易受干旱,目前少部分只种植花生、红薯等作物而且多为春种秋收,大部分为疏林草地。

本县粗骨性土土壤面积有7616.16公顷,占全县总耕地面积的9.4%。

(六)红黏土

红黏土是在石灰岩风化物上发育而成的土壤,成土母质是石灰岩风化后的残积坡积物,颗粒较细,质地较重,由于在湿热气候条件的影响下,淋容积淀作用强烈,次生黏化作用明显,黏粒及铁锰氧化物下移时,心土层更加黏重,并在结构面上有明显铁锰结核淀积,而表层土壤颜色呈暗棕色或红色,多为碎块状结构,质地在重壤以上,夹有少量石砾,发育层次较明显。

全县该类土壤面积是389.56公顷,占全县土壤总面积的0.5%。

(七)水稻土

水稻土是在长期水耕熟化过程中形成的一类特殊土壤。在淹水条件下与旱作相比,水分状况比较稳定,氧化还原电位较低,嫌气性微生物活动旺盛,有机质积累较多,氧气减少。二氧化碳增加,pH趋向中性,在这样的环境中,经过干湿交替耕作措施的影响,土壤中氧化还原交替进行,淋溶与淀积不断发展,导致土壤形成了它独特的剖面特征。一般情况下有以下几个层次:耕作层、犁底层、渗育层、潴育层、潜育层、母质层。

水稻土土壤总面积67.02公顷,占全县土壤总面积0.1%,主要分布在赵河、沿陵河的上游两侧地带。

(八)紫色土

紫色土是在紫色砂岩、砂砾岩、泥岩等岩石风化后的残积、坡积及冲积物上发育成的一种土壤类型。成土主要有三个过程,紫色岩物理分化、冲积母质发育、碳酸钙不断淋溶。丘陵顶部或坡地上部的紫色土,以紫色为基本色调,上下颜色较均一。紫色土空隙状况良好,利于渗水透气,有机质含量小于10克/千克,全氮含量小于0.7克/千克。根据有无石灰反应,划分为紫色土和灰质紫色土两个亚类。

该土类耕地面积为1624公顷,占全县耕地总面积的2.00%,集中分布在高丘镇。

二、土属、土种的特性及分布

(一)灰潮砂土土属

本土属属潮土土类,灰潮土亚类,呈片状,分布在潦河西岸河漫滩地带。

该土属的成土母质为急流沉积物,多为沙粒,形成的土壤质地粗、松散、单粒状结构、表层多为灰白色,表层以下灰白、灰黄或棕黄。

由于物理性沙粒含量很高,物理性黏粒含量甚少,所以通透能力很强,但保水性能极差,土壤常处于水少气多的氧化状态,不但有机质分解快,难以积累,而且热容量小,温度升降变化快,昼夜温差大,全氮、速效磷含量少,既不耐旱也不保肥,是肥力很差的一种土壤。疏松宜耕,适耕期长为唯一的优良性状,镇平县的灰潮砂土土属只有灰砂土一个土种。

(1)面积及分布:主要分布在遮山镇,潦河西岸河漫滩地带,面积95.8公顷。

(2)主要性状:该土种的划分依据是1米土体为细沙土,匀质。有机质平均含量为12.0克/千克,全氮平均含量为0.86克/千克,有效磷平均含量为8.1毫克/千克,速效钾平均含量为89毫克/千克。该土种土体深厚、剖面呈A—C_1—C_2构型、耕层质地为砂土(松砂土至紧砂土),其下砂土至砂质壤土(松砂至沙壤土),全剖面无石灰反应。

(3)理化性状:此土种因通体质地粗,物理性黏粒含量3.9%~7.9%,物理性沙粒含量高达92.1%~96.1%,土粒间空隙大,毛管作用弱,保水供水能力差,遇雨,水分在重力作用下迅速下渗,难以被土壤截留保存,雨停水分以蒸汽状态从大空隙迅速扩散蒸发、抗旱力差、耕层有效态养分较低,土壤贫瘠。

（4）生产性能及障碍因素：此土很不耐旱，漏水漏肥，宜林不宜农，选择适当树种作为林地，或选择种植耐旱、耐瘠作物，同时搞好水土保持，加大改良土壤力度。

（二）灰潮壤土土属

本土属为潮土土类中面积最大的一个土属，土壤面积 16000 公顷，分布在沿河两岸的一级阶地上，呈片状分布。由于它离河道主流较远，在河水漫流的作用下，沉积物颗粒比灰砂土细，表层为轻壤土或中壤土，表层以下因不同年份不同季节，降水强度不同，河水流速不一，沉积物颗粒有粗有细。该土属的土体构型并非都是匀质的，往往有不同厚度的沙质间层出现，生产性能表现出很大差异。

根据其表层质地（轻壤土或中壤土），以及沙质间层的厚薄、出现层位的深浅，本土属可分为灰小两合土、底砂灰小两合土、灰两合土、底砂灰两合土、浅位砂灰小两合土等 5 个土种。

1. 灰小两合土

（1）面积及分布：主要分布在彭营乡、遮山镇、柳泉铺乡等，面积 158.78 公顷。

（2）主要性状：其母质为河流冲积壤质沉积物，土体深厚，沙粒适当。剖面呈 A_{11}—C—C_u 构型，耕层质地壤土，其下沙壤土至黏壤土（沙壤土至中壤土），全剖面无石灰反应，C_u 层有铁锈斑，铁的活化度、络合度较低。有机质平均含量为 15.08 克/千克，全氮平均含量为 0.99 克/千克，有效磷平均含量为 14.8 毫克/千克，速效钾平均含量为 110 毫克/千克。

（3）障碍因素及生产能力：保水保肥能力中等，耕性好，但通气性强，养分释放快，肥劲快而短，作物后期呈现脱肥现象。今后，在生产实践中，注意增施有机肥料，分期施肥，就能进一步熟化土壤，充分发挥其生产潜力。

2. 浅位砂灰小两合土

（1）面积及分布：分布在杨营镇、玉都街道办事处，赵河岸边的一级阶地上，面积 151.69 公顷。

（2）主要性状：该土种母质为河流冲积壤质沉积物。土体深厚，剖面呈 A_{11}—A_{12}—C—C_u 构型，耕层质地壤土至沙质黏壤土（轻壤土），表层轻壤，30 厘米左右，出现 20~50 厘米厚的沙土层，全剖面无石灰反应。C_u 层黄棕色，单粒结构。有机质平均含量为 14.90 克/千克，全氮平均含量为 0.92 克/千克，有效磷平均含量为 13.4 毫克/千克，速效钾平均含量为 94 毫克/千克。

（3）理化性状：表层质地为轻壤，沙黏适中，结构良好，适耕期长，水、肥、气、热较协调，有机质矿化速度快，利于养分释放。但沙土层出现部位浅、层厚，易漏水漏肥。

（4）障碍因素及生产能力：此土虽然沙土层厚度较薄，但出现层位浅，漏水漏肥，理化性质和肥力均不及灰小两合土。必须增施有机肥料，提高肥力水平，化肥不宜一次重施，宜少量多次施用。

3. 灰两合土

（1）面积及分布：本土种土壤面积主要分布在石佛寺、遮山、杨营等乡镇河流沿岸，面积 623.51 公顷。

（2）主要性状：该土种因母质为河流冲积壤质沉积物，土体深厚。剖面呈 A_{11}—C—C_u 构型，耕层质地黏壤土（中壤土），其下壤土至壤质黏土（轻壤土至重壤土）。全剖面无石灰反应。C_u 层根系很少，有铁锈斑。有机质平均含量为 13.05 克/千克，全氮平均含量为 0.86

克/千克,有效磷平均含量为 13.4 毫克/千克,速效钾平均含量为 107 毫克/千克。

(3)理化性状:此土是灰潮壤土土属中的典型代表,沙、黏组成比例较适当,其理化性状、农业生产性质既比沙质土壤好,又优于黏质土壤。

(4)障碍因素及生产能力:本土种质地优良,不沙不黏,疏松易耕,耐旱耐涝,保水保肥与供水供肥性能好,水、气、热协调,养分含量较为丰富而有效性高。作物苗期比较早发,后期也不易脱肥,是一种较为理想的土壤。但是由于近年来盲目追求高产,过量施用氮肥,又采用"一炮轰"的施肥方法,造成一定面积的小麦、玉米倒伏,影响进一步高产。今后,在施用有机肥的基础上,推广氮肥后移技术,以提高产量。

4. 底砂灰小两合土

(1)面积及分布:主要分布在老庄镇,面积 26.03 公顷。主要分布在沿岸河漫滩上。

(2)主要性状:母质为河流冲积壤质沉积物,土体深厚,剖面呈 A_{11} – C – Cu 构型。耕层质地壤土至沙质黏壤土(中壤土),其下壤土至壤质黏土(轻壤土至重壤土)。底砂灰小两合土的剖面构型与体砂小两合土基本相似,其差异在于前者沙质间层的层位深,在 50 厘米以下(平均 60 厘米)出现厚度大于 20 厘米(松砂至紧沙土)的沙土层。全剖面无石灰反应。Cu 层为沙土,有的有铁锈斑。有机质平均含量为 12.4 克/千克,全氮平均含量为 0.85 克/千克,有效磷平均含量为 15.7 毫克/千克,速效钾平均含量为 95 毫克/千克

(3)理化性状:表层为轻壤土,沙黏适中,底土层为紧沙土,保水保肥能力不强。

(4)障碍因素及生产能力:该土种土体深厚,耕层质地壤土至沙质黏壤土(轻壤土),通透性好,疏松易耕,适耕期长,结构良好。水、肥、气、热较协调,但质地较轻,保水、保肥能力差。有机质矿化快,利于养分转化,发小苗。但 50 厘米以下有沙漏层,后期易脱肥,适宜种植粮食作物。

5. 底砂灰两合土

(1)面积及分布:主要分布在侯集、石佛寺、遮山、马庄等乡镇,面积 96.85 公顷。

(2)主要性状:母质为河流冲积壤质沉积物,土体深厚,剖面呈 A_{11}—A_{12}—C—Cu 构型。耕层质地黏壤土(中壤土),50 厘米以下(平均 70 厘米)出现厚度大于 20 厘米的砂土至沙质壤土(松沙土至沙壤土)的沙土层。全剖面无石灰反应,Cu 层为沙土,有的有铁锈斑。有机质平均含量为 14.33 克/千克,全氮平均含量为 0.86 克/千克,有效磷平均含量为 12.0 毫克/千克,速效钾平均含量为 87 毫克/千克。

(3)理化性状:本土种物理性沙、黏粒在剖面中的变化趋势基本与底砂灰两合土相仿,但壤土层较底砂灰两合土厚,质地较粗的轻壤及沙壤出现部位又深。该土种理化性状略差于灰两合土,稍优于底砂灰两合土。

(4)障碍因素及生产能力:该土种耕层质地黏壤土至粉砂质黏壤土(中壤土),沙、黏比例适中,耕性好,适耕期长,整地质量高,通透性好,易一播全苗。但在 70 厘米左右有沙漏层。毛管性能差,供水供肥能力差,有轻度脱肥现象,适宜多种作物种植。

(三)砂姜黑土土属(黑姜土)

该土属属于砂姜黑土土类,典型砂姜黑土亚类。全县有土壤面积 6404.81 公顷。

凡是黑土层裸露地表的都是黑姜土土属。其特征特性是表层质地重壤土至黏土,物理性黏粒含量均在 50% 以上,结构为碎屑或碎块状,土壤水分易蒸发,群众称为漏风土。该土属质地黏重,结构不良,胀缩性强,通透性差,并且其所处地形部位低洼,地下水位较高,水、

气矛盾明显,特别是雨季,常出现明涝暗流现象,水、气矛盾更为突出,土壤中物质转化缓慢,土壤有机质含量高,都在 15 克/千克以上;全氮、全磷含量亦高,但速效量低,尤其是速效磷十分贫乏,氮磷比例严重失调。冬季干燥龟裂漏风,春季升温迟,作物苗期生长缓慢。但土壤代换量高,保肥力强,后劲足,属于不发小苗发老苗的后发型土壤。因此,在生产实践中要注意氮、磷肥的配合施用,合理选择肥料品种和施肥方法,适当调节氮磷钾比例;注意挖沟排水,除涝治浸,减轻涝灾威胁和发展灌溉,保证作物对水分的需要;注意逐年深耕,并结合增施有机肥料,改良土壤结构,从根本上改善土壤的理化性状,协调水、肥、气、热等肥力因素的关系,为作物生产创造一个好的土壤条件。

根据土体内砂姜的有无、量的多少及出现部位的深浅,分为深位少量砂姜黑土、浅位少量砂姜黑土、浅位钙盘砂姜黑土和深位钙盘砂姜黑土等 4 个土种。

1. 浅位钙盘砂姜黑土

(1)面积与分布:主要分布在彭营乡、枣园镇、马庄乡、张林乡等乡镇,面积 1365.62 公顷。

(2)主要性状:该土种母质为河湖相沉积物,土体深厚,剖面呈 A_{11}—A_{12}—C 构型。多处在湖积平原的平坡过水地带,不但砂姜呈层状出现,而且砂姜层埋藏部位浅、厚度大。一般土体在 50 厘米以内出现钙盘层,埋深最浅为 25 厘米,最深 49 厘米,平均为 38 厘米,砂姜直径多数在 0.5 ~ 3.0 厘米、砂姜细小,排列致密,基本无土,全剖面质地壤质黏土,有效土层有的有石灰反应。A 层色暗,C 层碳酸钙胶结成盘。有机质平均含量为 17.9 克/千克,全氮平均含量为 1.13 克/千克,有效磷平均含量为 11.9 毫克/千克,速效钾平均含量为 116 毫克/千克。

(3)生产性能及障碍因素:该土种质地黏重,适耕期短,耕性差有效土层薄,根系活动范围浅,钙盘阻水,下渗慢,地处低洼处,地下水位高,易发生旱、涝。作物苗期生长易早衰,不发苗,不拔籽。旱、涝、黏是该土种主要障碍因素。

2. 深位少量砂姜黑土

(1)面积及分布:主要分布在马庄乡、张林乡等,面积 793.34 公顷。

(2)主要性状:该土种母质为河湖相沉积物,土体深厚,质地黏重,剖面呈 A_{11}—A_{12}—Cu 构型,砂姜埋深在 57 ~ 90 厘米,平均为 68 厘米,砂姜含量 20% 左右。全剖面质地黏壤土至壤质黏土(重壤以上),石灰反应弱至无,微碱性。A 层颜色较暗,有机质含量相对较高,Cu 层黄棕色,棱块状,多锈斑,有软铁粒子、砂姜带棱角。有机质平均含量为 18.87 克/千克,全氮平均含量为 1.12 克/千克,有效磷平均含量为 21.3 毫克/千克,速效钾平均含量为 119 毫克/千克

(3)生产性能及障碍因素:该土种质地黏重,适耕期短,耕性差。地下水位高,排水不良,生产力仅次于青黑土。

3. 浅位少量砂姜黑土

(1)面积及分布:分布在曲屯镇、枣园镇,面积 21.02 公顷。

(2)主要性状:该土种母质为河湖相沉积物,土体深厚,剖面呈 A_{11}—A_h—C_g 构型,砂姜埋深在 20 ~ 50 厘米土体内(最浅裸露地表),平均为 33 厘米,砂姜含量 20% 左右。全剖面质地黏壤土至壤质黏土(重壤以上),石灰反应弱至无,微碱性。A 层颜色较暗,有机质含量相对较高、有螺壳,C_g 层黄棕色,棱块状,多锈斑,有软铁粒子、砂姜带棱角。有机质平均含

量为 16.93 克/千克,全氮平均含量为 1.13 克/千克,有效磷平均含量为 9.0 毫克/千克,速效钾平均含量为 128 毫克/千克。

(3)生产性能及障碍因素:该土种质地黏重,水土流失现象比较严重,侵蚀明显,适耕期短,耕作困难。地下水位高,排水不良,易旱易涝。

4. 深位钙盘砂姜黑土

(1)面积及分布:主要分布在安字营乡、彭营乡、侯集镇等,面积 4322.75 公顷。该土种所处地形微度倾斜,但与浅位钙盘砂姜黑土相比略低平。

(2)主要性状:该土种母质为河湖相沉积物,土体深厚,剖面呈 A_{11}—A_{12}—C 构型。在土体 52～94 厘米(平均 68 厘米)以下出现钙盘层。全剖面质地壤质黏土,有效土层有的有石灰反应。A 层色深棕色至黑棕色,C 层碳酸钙胶结成盘。有机质平均含量为 18.39 克/千克,全氮平均含量为 1.12 克/千克,有效磷平均含量为 12.6 毫克/千克,速效钾平均含量为 121 毫克/千克。

(3)生产性能及障碍因素:该土种通体质地黏重,难耕难耙,适耕期短,耕性差,易起坷垃,耕作质量差。播种难保全苗,易缺苗断垄,保水性能不良,易旱。通透不良,水分难下渗,地处平洼地带,地下水位高,易发生涝灾,拔籽不发苗,旱、涝、黏为主要障碍,也属于低产土壤。

(四)覆泥黑姜土土属

本土属属于砂姜黑土土类,典型砂姜黑土亚类,全县共有土壤面积 15993.91 公顷。主要分布在赵河、沿陵河、潦河、黑河等河流沿岸的冲积平原外缘与黑姜土土属之间的稍高部位。部分的岗间洼地也有一定的分布,各乡镇均有分布。

该土属主要是在黑土层上又覆盖一层河流洪积冲积物上发育而成的,覆盖层颜色灰黄、质地中壤至黏土,粒状或碎块状结构。覆盖层以下为黑土层,与黑姜土土属的黑土层相同,质地黏重,结构为块状或碎块状,有铁锰胶膜和铁锰结核等新生体。

一般来说,本土属表层结构较好、通透性能较深位少量砂姜黑土有很大改善。所以生产性能上的一个共同特点是保水、保肥,供水、供肥良好,肥力水平较高,作物苗期发苗快,后期也不宜脱肥,属于高产类型的土壤,其肥力高低又因覆盖层的厚薄和质地而异。

根据覆盖层质地与厚度的不同,本土属可分为壤覆砂姜黑土、壤覆深位钙盘砂姜黑土、黏覆浅位钙盘砂姜黑土、黏覆砂姜黑土、黏质薄覆钙盘砂姜黑土 5 个土种。

1. 壤覆砂姜黑土

(1)面积及分布:主要分布在侯集镇、贾宋镇、张林乡、杨营镇等,面积 4060.64 公顷。

(2)主要性状:该土种母质土体上部为湖积冲积物,下部为湖积物。剖面呈 A_{11}—A_{12}—Cu 构型。耕层质地黏壤土(轻壤土至中壤土)。县土种灰壤质厚覆黑老土有石灰反应,A 层块状,质地黏重。C 层浊棕色,有铁锰结核。有机质平均含量为 17.13 克/千克,全氮平均含量为 1.05 克/千克,有效磷平均含量为 20.0 毫克/千克,速效钾平均含量为 114 毫克/千克。

(3)理化性状:该土种质地中壤至黏壤,抗旱能力强,水、肥、气、热协调,养分有效性高,供肥能力强代换量高,保肥能力也较强;耕性好,耕作质量高。

(4)生产性能及障碍因素:该土种上层质地黏壤土,沙黏适中,耕性良好,适耕期长,通透状况良好,发苗拔籽,耐旱能力也较强,生产性能较好。其下层为湖积物,质地黏重,托水托肥,为高产土体构型。

2. 壤覆深位钙盘砂姜黑土

(1)面积及分布:分布在侯集镇,面积 180.63 公顷。一般分布在地势低洼处。

(2)主要性状:该土种母质土体上部为湖积冲积物,下部为湖积物。剖面呈 A_{11}—A_{12}—C_k 构型。土体 50 厘米以内出现钙结盘层,耕层质地壤质黏土(轻壤土至中壤土)。全剖面有的有石灰反应,A 层粒状,质地为重壤土。C 层有钙盘。有机质平均含量为 14.15 克/千克,全氮平均含量为 0.86 克/千克,有效磷平均含量为 20.2 毫克/千克,速效钾平均含量为 80 毫克/千克。

(3)生产性能及障碍因素:该土种上层质地重壤土,沙黏适中,耕性良好,适耕期长,由于有效土层稍薄,根系适宜活动范围较浅,钙盘阻水,水分难以下渗,因而旱涝时有发生,作物苗期生长慢,中后期易早衰,属于中高产土壤类型。

3. 黏覆浅位钙盘砂姜黑土

(1)面积及分布:主要分布在彭营乡,面积 502.42 公顷。

(2)主要性状:该土种母质土体上部为近代洪积冲积物,其下部为河湖相沉积物。剖面呈 A_{11}—A_h—C_g 构型,覆层颗粒组成以物理性黏粒为主,含量高达 70% 左右。黑土层物理性黏粒含量更高,质地中黏至重黏。耕层质地壤质黏土(重壤土以上),在 30 厘米土体以内出现砂姜层和铁锈斑。全剖面有的有石灰反应。A 层浊黑色,棱块状结构,C 层有钙盘。有机质平均含量为 18.11 克/千克,全氮平均含量为 1.13 克/千克,有效磷平均含量为 9.3 毫克/千克,速效钾平均含量为 114 毫克/千克。

(3)生产性能及障碍因素:该土种多分布在低平洼地的洼底,30 厘米左右有坚硬的砂姜盘层,严重影响水分上升和下渗,因而旱涝时有发生。在改良利用上主要是开发地下水资源,发展灌溉农业。同时提高排涝设施标准,增强防涝能力,在施肥上应重视磷肥,配施氮肥。加深耕层,提高土壤保水能力,改善根系生长和土壤水分条件。

4. 黏质薄覆钙盘砂姜黑土

(1)面积及分布:分布在玉都、柳泉铺、安字营等地,面积 423.37 公顷。

(2)主要性状:是在湖积物上覆盖了一层小于 30 厘米厚的黏质冲积物,最薄 18 厘米,最厚 30 厘米,剖面呈 A_{11}—A_h—Cx 构型,剖面有的有石灰反应。A 层有铁子,Cx 层碳酸钙胶结成盘,覆盖层以下是质地较重的黑土层,在 50 厘米以下土体内出现大于 50 厘米厚的砂姜层。有机质平均含量为 17.11 克/千克,全氮平均含量为 1.03 克/千克,有效磷平均含量为 9.6 毫克/千克,速效钾平均含量为 108 毫克/千克。

(3)生产性能及障碍因素:该土种耕层质地黏重,耕性不良,适耕期较短,结构不良水分难以下渗,怕旱怕涝,旱涝时有发生,发老苗不发小苗,虽土体中有砂姜层,但出现在 50 厘米以下,对作物生长影响不大,大部分土壤速效磷含量低,旱涝是农业生产中的主要障碍因素,要增施有机肥改善土壤结构,化肥施用要重施磷肥,氮磷并重,以提高作物产量。

5. 黏覆砂姜黑土

(1)面积及分布:主要分布在晁陂镇、杨营镇、枣园镇、贾宋镇、张林乡等,面积 10826.85 公顷。

(2)主要性状:该土种母质土体上部为近代洪积冲积物,其下部为河湖相沉积物。剖面呈 A_{11}—A_{12}—Cu 构型,覆盖厚度不一致,变幅 30~90 厘米,平均为 50 厘米,覆盖层颗粒组成以物理性黏粒为主,含量高达 63.9%~87.4%,质地轻黏至重黏。黑土层物理性黏粒含量更高,达 76.9% ~ 89.9% ,质地中黏至重黏。耕层质地壤质黏土(重壤土以上)。全剖面有的有石灰反应。A 层浊黑色,棱块状结构,C 层黑棕色,块状,有铁锰结核。有机质平均含量为 16.65 克/千克,全氮平均含量为 1.04 克/千克,有效磷平均含量为 19.1 毫克/千克,速效钾平均含量为 120 毫克/千克。

(3)生产性能及障碍因素:该土种质地黏重,结构不良,适耕期短,耕性差,水、肥、气、热不协调,有效养分含量高,分布地形低洼,易涝耐旱。但覆盖层为河流冲积物,耕性仍好于黑姜土土属的各土种。保肥力强,肥效持续时间长,作物后期长势好,拔籽,属高产土壤类型。

(五)青黑土土属

本土属属于砂姜黑土土类,典型砂姜黑土亚类,全县共有土壤面积 6404.81 公顷。全县仅有青黑土 1 个土种。

(1)面积及分布:主要分布在湖积平原地形最低洼的部位,安字营乡、郭庄乡、彭营乡、张林乡等乡分布面积较大,面积为 6404.81 公顷。

(2)主要性状:该土种母质为河湖相沉积物,土体深厚,剖面呈 A_{11}—A_{12}—A_h—C 构型。A 层有机质含量相对较高,有铁锰结核;C 层黄棕色,块状,有铁锰斑。此土种区别于其他土种的显著特征,是在 1 米土体内没有砂姜。黑土层最薄的为 19 厘米,最厚的为 100 厘米,平均为 69 厘米。耕层颜色褐灰,质地为轻黏土,屑粒状(俗称糁状)结构。耕层以下的黑土层颜色更深,青黑至灰黑色,为块状或棱块状结构,有铁锰胶膜和少量细小铁锰结核。黑土层以下为棕黄或黄褐色,有明显的铁锰胶膜。有机质平均含量为 18.49 克/千克,全氮平均含量为 1.14 克/千克,有效磷平均含量为 17.0 毫克/千克,速效钾平均含量为 124 毫克/千克。

(3)障碍因素及生产性能:青黑土所处地形部位低平,多余水分不能很快排走,加之通体物理性黏粒含量相当高,不仅土壤总孔隙度小,而且非毛管孔少,毛管孔隙多,二者比例失调,渗透能力极差,表层土壤易渍水。因此,在同样降水或灌溉条件下,对于其他土壤可能是比较适宜的,但对青黑土来说就会产生水多气少之害。

该土种适耕水分范围狭窄,耕作比较困难。干旱时,土体黏结紧实,耕作费力,耕后大坷垃多,水分稍少,即成泥泞状态,黏着耕具,影响耕深,耕后呈条状明垡,质量很差。特别每年种麦时节,多因土壤水分含量高,整地困难,常常推迟播期,即使能适期播种,缺苗断垄现象严重,幼苗生长纤弱。但是,青黑土保肥性能好,肥效持续时间长,作物后期长势好,籽粒饱满。

(六)黄土质黄褐土土属

黄土质黄褐土土属属黄褐土土类,典型黄褐土亚类,土壤面积 13370.69 公顷,呈条带状分布在缓岗和陡岗处,成土母质为第四纪中更新的洪积物,表层灰黄色至淡棕黄色,质地重壤以上,结构粒状或小块状。心土层黄棕色或灰棕色,质地多为轻黏土,结构一般为棱块状,结构面光滑,有明显的棕褐色铁锰胶膜。底土层为棕褐色或黄褐色的黏土,结构为块状或棱块状,常有较大的铁锰结核和暗褐色斑点。

该土属在土体的不同部位往往有数量不等的碳酸钙结核,即砂姜。砂姜、黏重的心土层以及较为严重的冲刷作用,导致本土属土壤在农业生产上存在着"旱、薄、瘠、黏"四大障碍因素,使本土属土壤成为镇平县的低产土壤之一。

根据砂姜出现层位的深浅、含量的多少及砂姜层的厚薄,可将本土属划分为浅位少量砂姜黄土质黄褐土、浅位多量砂姜黄土质黄褐土、深位少量砂姜黄土质黄褐土、深位多量砂姜黄土质黄褐土、浅位黏化黄土质黄褐土5个土种。

1. 浅位少量砂姜黄土质黄褐土

(1)面积及分布：主要分布在卢医镇、石佛寺镇、玉都街道办事处、王岗乡等，面积1303.82公顷。

(2)主要性状：母质为第四系下蜀黄土。所处地形位垄岗坡地，原来熟化较好的表层已被流水剥蚀，下部含砂姜的层段接近或出露地表，一般在20~50厘米土体内，砂子含量为10%~30%，剖面呈 A_{11}—AB—Btc 构型，全剖面有的有石灰反应。质地为壤质黏土至粉沙质黏土(重壤土至轻壤土)，B层浊黄色，有铁锰结核，结构面黏粒胶膜沉淀明显。有机质平均含量为15.14克/千克，全氮平均含量为0.98克/千克，有效磷平均含量为15.2毫克/千克，速效钾平均含量为112毫克/千克。

(3)理化性状：此土种通体以物理性黏粒含量为主，均在60%以上，下层更高，达70%以上，土体黏重紧实，通透性能差。

(4)障碍因素及生产性能：该土种质地黏重，耕层浅，适耕期短，耕作质量差，根系下扎浅，土体砂姜层浅，耕深困难，地处坡地，水土易流失，供水能力差，水土流失现象普遍存在，土层薄，养分被淋，熟化度低。

2. 浅位多量砂姜黄土质黄褐土

(1)面积及分布：主要分布在枣园镇、彭营乡、晁陂镇、马庄乡等垄岗地区的陡坡处，面积1510.39公顷。

(2)主要性状：本土种母质为第四系下蜀黄土。其剖面形态与浅位少量砂姜黄土质黄褐土相似，唯砂姜含量较多，在40%左右，平均砂姜层在27厘米左右。剖面呈 A_{11}—B_{tc1}—B_{tc2} 构型，全剖面有的有石灰反应。质地壤质黏土至粉沙质黏土(重壤土—轻壤土)，B层棕黄色，有铁锰结核、砂姜，结构面黏粒胶膜沉淀明显。有机质平均含量为15.50克/千克，全氮平均含量为1.02克/千克，有效磷平均含量为13.7毫克/千克，速效钾平均含量为118毫克/千克。

(3)理化性状：本土种通体十分紧实，结构不良，干旱时形成龟裂，土壤水分蒸发迅速。除雨后短期内土壤水分不感缺乏外，一般情况下经常处于不足状态。

(4)障碍因素及生产性能：该土种耕性差，适耕期短，耕作困难，顶犁跳犁，漏耕重耕现象严重，耕作质量差，群众称为"干耕坷垃湿耕泥，不干不湿净糊犁"。播后出苗不易，常缺苗断垄，耕层浅薄，质地黏重，蓄水供水能力差，内排水不良，有砂姜层存在，雨季雨水极难下渗，易涝易旱，根系下扎困难，干旱龟裂挣断根，雨季易形成地表径流，造成水土流失，属生产性能低劣土种之一。

3. 深位少量砂姜黄土质黄褐土

(1)面积及分布：主要分布在晁陂镇、贾宋镇、遮山镇、玉都街道办事处等垄岗地段。但较上述两土种所处部位较低平。多与洪冲积黄褐土土属或砂姜黑土土属相邻。面积752.89公顷。

(2)主要性状：本土种母质为第四系下蜀黄土。砂姜出现的层位为50~68厘米，平均60厘米，砂姜含量为25%左右。剖面呈 A—Bt—Bc 构型，全剖面有的有石灰反应。质地壤质黏土至黏土(重壤土至轻黏土)，B层浊黄色，有铁锰结核、砂姜，结构面黏粒胶膜沉淀明显。

(3)理化性状:由于本土种砂姜埋藏深,砂姜含量少,而且所处地形稍低平,冲刷作用轻,耕层较厚,能接纳较多的雨水。其理化与生产性能较好。有机质平均含量为16.09克/千克,全氮平均含量为1.01克/千克,有效磷平均含量为14.6毫克/千克,速效钾平均含量为116毫克/千克。

(4)障碍因素及生产性能:该土质地黏重,适耕期短,耕性差,极难全苗,易缺苗断垄,拔籽不发苗,耕层浅薄,蓄水供水能力差,排水能力弱,易涝易旱,坡地水土流失严重,土壤贫瘠,属生产性能低劣土种。

4.深位多量砂姜黄土质黄褐土

(1)面积及分布:分布在柳泉铺乡、王岗乡,面积379.68公顷。

(2)主要性状:本土种母质为第四系下蜀黄土。剖面形态与深位少量砂姜黄土质黄褐土大体相仿,但砂姜含量多,一般在40%~50%。剖面呈 A_{11}—Bt—C 构型,全剖面有的有石灰反应。质地壤质黏土至黏土(重壤土至轻黏土),B层黄棕色,有铁锰结核,结构面黏粒胶膜沉淀明显。有机质平均含量为15.03克/千克,全氮平均含量为0.96克/千克,有效磷平均含量为13.5毫克/千克,速效钾平均含量为115毫克/千克。

(3)障碍因素及生产性能:通体壤质黏土至黏土(重壤土至轻黏土),质地黏重,宜耕期短,湿耕黏犁,干耕坷垃大,耕作质量差,保水性能不良,坡地水土流失严重;下部砂姜层阻水,渗水性能差,内排水不良,易上浸内涝,旱、涝时有发生,黏、旱、瘠、涝是主要障碍因素。

5.浅位黏化黄土质黄褐土。

(1)面积及分布:面积很小,主要分布在高丘镇、老庄镇、柳泉铺乡、卢医镇、马庄乡、曲屯镇、王岗乡、遮山镇等微倾斜的垄岗顶部,面积9423.91公顷。

(2)主要性状:本土种母质为第四系下蜀黄土。黏化层在50厘米以内出现,剖面呈 A_{11}—A_{12}—Bt 构型。土体有的有石灰反应,全剖面质地黏壤土至壤质黏土(中壤土至重壤土),B层有铁锰结核,结构面有明显胶膜淀积。有机质平均含量为14.77克/千克,全氮平均含量为0.96克/千克,有效磷平均含量为15.1毫克/千克,速效钾平均含量为113毫克/千克。

(3)理化性状:该土种通体黏重,为屑粒状或粒块结构,表层物理性黏粒含量在50%左右,表层以下更高,达60%上下,黏化现象明显,养分含量不均衡。

(4)障碍因素及生产性能:该土种质地较重,黏着性强,耕性不良,适耕期短。耕作干时顶犁跳犁,易起坷垃,湿时黏犁黏耙,易起明垡。因整地困难,致使整地质量差,影响播种质量和出苗,易形成缺苗断垄。该土种耕层浅薄,Bt层质地黏重致密,出现部位浅,作物根系下扎困难。内排水不良,雨季易形成上浸。同时地下水资源贫乏供水能力差,因此该土种不耐旱,不耐涝,常受旱涝威胁。虽潜在养分含量不低,但质地黏重,供肥能力差,拔籽不发苗。这样的土体构型使该土种抗旱性极差。天旱时,地表龟裂,跑墒迅速,轻则减产,重则绝收。又因该土种所处地形部位较高,且具一定坡度,排水条件顺畅,水土流失严重。

(七)泥砂质黄褐土土属

本土属属黄褐土土类,典型黄褐土亚类,主要分布在垄岗下部和河流冲积平原的稍高地带,面积22575.43公顷,地下水位比潮土深。成土母质主要是较老的河流冲积物,或第四纪中更新的黄土母质上覆盖一层冲积洪积物,质地中壤至重壤土。

本土属在成土过程中基本摆脱了地下水的影响,在通气条件下,氧化过程占优势,只有在土体的较深处受季节性降水的影响,暂处于还原状态。氧化还原交替过程使本土属铁锰淀积层位较深,土壤的理化性质及生产性能较好。根据淀积程度、淀积层位及表层质地的不同,该土属可分为深位黏化洪冲积黄褐土、洪冲积黄褐土和浅位黏化洪冲积黄褐土 3 个土种。

1. 深位黏化洪冲积黄褐土

(1)面积及分布:主要分布在晁陂镇、卢医镇、石佛寺镇、高丘镇、安字营乡等地,面积 9137.06 公顷。

(2)主要性状:该土种母质为二元母质,土体上部为洪、冲积物,厚度 50 厘米,其下为第四系下蜀黄土,剖面呈 A_{11}—A_{12}—Btb 构型,全剖面无石灰反应,呈中性。Btb 层质地黏重,棱块状结构。有机质平均含量为 14.52 克/千克,全氮平均含量为 0.93 克/千克,有效磷平均含量为 15.4 毫克/千克,速效钾平均含量为 104 毫克/千克。

(3)理化性状:该土种上层物理性黏粒含量一般在 45% 左右,质地优良,为中壤土,通气爽水,土壤酥软,有机质分解较快,速效养分含量高。底层物理性黏粒含量则高达 60% 以上,质地重,属重壤上或轻黏土,通透性能低,托水托肥。

(4)障碍因素及生产性能:A_{11} 层质地黏壤土至壤质黏土(中壤土至重壤土),沙黏较为适中,耕性良好、适耕期长,种植作物较易全苗,发苗拔籽,保水性能好。加之 Btb 层出现部位在 50 厘米以下,质地黏,托水托肥,土体构型好,雨季土体内排水好,旱季保水供水性能好,因而不怕旱不怕涝。且 A_{11} 层保肥性能强。养分含量除有效磷外其他较丰富,是一种高产土壤类型。

2. 洪冲积黄褐土

(1)面积及分布:主要分布在安字营乡、晁陂镇、侯集镇、贾宋镇、老庄镇、柳泉铺乡、卢医镇、枣园镇、杨营镇、张林乡等的河流沿岸,为较老的河流冲积物发育而成的土壤,面积 2453.48 公顷。

(2)主要性状:母质为洪冲积物。剖面呈 A_{11}—AB—Bt 构型。全剖面质地壤土至黏壤土(轻壤土至中壤土),无石灰反应,呈中性。通体有铁子、砾石。Bt 层赤棕色,棱块状结构,结构面有较多铁、锰斑和黏粒胶膜淀积。有机质平均含量为 14.81 克/千克,全氮平均含量为 0.95 克/千克,有效磷平均含量为 16.8 毫克/千克,速效钾平均含量为 107 毫克/千克。

(3)理化性状:耕层结构良好,质地壤土至黏壤土(轻壤土至中壤土),沙黏比例适中,疏松易耕,适耕期长,通气透水,稳温性好,保水保肥,耐旱耐涝;土体养分含量除速效磷、钾较低外其他较为丰富,是一种高产土壤类型。

(4)障碍因素及生产性能:1 米土体内的质地一般为中壤土,没有明显的淀积层次,仅在 50 厘米以下出现轻微的淀积现象。上、下层大小孔隙比例比较合适,松紧较为适度,水、肥、气、热状况协调,有机质矿化速度高,养分释放快,土壤耕性良好,耐旱耐涝,保水保肥,供肥性能好,适种作物广泛,发苗拔籽,是镇平县高产稳产的土种之一。

3. 浅位黏化洪冲积黄褐土

(1)面积及分布:主要分布在高丘镇、晁陂镇、贾宋镇、老庄镇、柳泉铺乡、曲屯镇、王岗乡、杨营镇、枣园镇、玉都街道办事处等地,面积 10984.89 公顷。

(2)主要性状:母质为二元母质。上体上部为洪、冲积物,厚度小于 50 厘米,其下为第四系下蜀黄土。剖面呈 A_{11}—A_{12}—B_{tb} 构型。全剖面无石灰反应,呈中性,Btb 层在 34 厘米左右出现,黄棕色,有少量铁锰结核,结构面黏粒胶膜淀积明显。有机质平均含量为 15.37

克/千克,全氮平均含量为 0.97 克/千克,有效磷平均含量为 15.3 毫克/千克,速效钾平均含量为 113 毫克/千克。

(3)理化性状:此土所处地形部位多在垄岗下部的平坦地带和河流两侧,因母质来源不同,颗粒组成各异,表层为河流冲积物时,质地多为中壤土;表层为坡积物时一般为重壤土。下层是黄土母质,重壤土以上,铁锰淀积明显,淀积层位较高。A_{11}、A_{12} 层质地壤质黏土(中壤土至轻黏土),Btb 层物理性黏粒含量 40% 左右,比上层绝对含量高 10% 左右。

(4)障碍因素及生产性能:该土种表(耕)层质地偏黏,耕性、通透性保水、保肥性较好,发小苗较差,发老苗好。Btb 层质地黏重、紧实、托水,雨季易发生暗渍。

(八)麻沙质中性粗骨土土属

本土属属于粗骨土土类,中性粗骨土亚类,面积 5527.07 公顷。其特点是,颗粒组成稍粗,质地较轻,砾石含量高,多达 60% 左右,无石灰反应,熟化程度低。

根据土体厚度不同,该土属可分为薄层硅铝质中性粗骨土、中层硅铝质中性粗骨土和厚层硅铝质中性粗骨土三个土种,由于三个土种除了土体厚度不同外,其他特性基本一致,所以合并在一起进行描述。

1. 面积及分布

这三种土主要分布在山体之上,或与石山紧密相连的丘陵岗丘上。

(1)厚层硅铝质中性粗骨土:主要分布在二龙乡、老庄镇,面积 103.5 公顷。有机质平均含量为 13.9 克/千克,全氮平均含量为 0.87 克/千克,有效磷平均含量为 15.9 毫克/千克,速效钾平均含量为 104 毫克/千克。

(2)中层硅铝质中性粗骨土:主要分布在高丘镇、曲屯镇、遮山镇等,面积 971.96 公顷。有机质平均含量为 13.58 克/千克,全氮平均含量为 0..92 克/千克,有效磷平均含量为 18.0 毫克/千克,速效钾平均含量为 104 毫克/千克。

(3)薄层硅铝质中性粗骨土:主要分布在二龙乡、高丘镇、老庄镇、卢医镇、石佛寺镇、枣园镇及玉都街道办事处,面积 4451.61 公顷。有机质平均含量为 13.30 克/千克,全氮平均含量为 0.84 克/千克,有效磷平均含量为 13.4 毫克/千克,速效钾平均含量为 90 毫克/千克。

2. 主要性状

成土母质系由石灰岩、变质大理岩等风化后的残积坡积物发育而成的土壤,土壤质地以轻壤为主,有的有石灰反应,土体厚度随所处地形部位的坡度大小而不同,一般处于山坡之上的土体薄,处于岗丘之上或山冲之中的土体稍厚,多为耕地,通体含有一定量的砾石,侵蚀严重,薄层的土体厚度仅为 15 厘米,中层的为 30 厘米,厚层的为 60 厘米,各土层以下为灰质母岩的半风化的砾石层。剖面构型为 $A—C_1—C_2$ 构型。

3. 障碍因素及生产性能

该土种土壤虽然疏松,但因有一定的砾石含量,耕作很不方便,顶犁跳犁现象严重,漏耕串耕现象不时发生,影响耕作质量,耐旱保肥力较差。该土种所处地形部位较高且有一定坡度,"三跑"(跑水、跑土、跑肥)现象较重,处于不同地形部位的土壤,在生产利用上要区别对待。处在山地上的土壤,应以发展林木为主,涵养水源,调节气候,应切实做好水土保持工作,变"三跑"为"三保"(保水、保土、保肥)。处在岗丘之上或沟谷中的土壤,因其土、石间杂,物理性能欠佳,极易受旱,耕耙不便,作物产量低,故应做好截流蓄水保土工作,逐步熟化和加厚耕层,并增施有机肥料及磷肥,改善理化性状,提高土壤肥力,种植抗逆性强的作物。

(九)灰泥质钙质粗骨土土属

该土属属于粗骨土土类,钙质粗骨土亚类,该土属成土母质为石灰性岩类、花岗岩、片麻岩等岩类风化物上形成的,母质以残积物为主,坡积物次之,主要分布在赵湾水库以东的低山丘陵地区,土壤面积2089.09公顷。

该土属剖面无明显发育层次,土体厚度大部分在5~25厘米,平均为18厘米,夹杂有35%~70%的石砾,质地较轻,下为黄棕色半风化物,再下为母岩,有石灰反应,该土属虽然有机质平均含量较高,氮素、钾素含量属中等偏上水平,由于自然植被破坏殆尽,水土流失十分严重,存在着薄、粗、旱等障碍因素,不适于农作物的种植。可发展林业或种植牧草发展畜牧业,植树种草的同时,应切实抓好水土保持工作。

根据土体厚度及砾石含量,该土属分为薄层钙质粗骨土、厚层钙质粗骨土两个土种。由于这两个土种是以土体厚度来区分的,其他特性基本一致,所以合并描述。

1. 面积及分布

厚层钙质粗骨土:主要分布在高丘镇、老庄镇、柳泉铺乡低山丘陵区,面积786.67公顷。有机质平均含量为15.6克/千克,全氮平均含量为0.98克/千克,有效磷平均含量为8.6毫克/千克,速效钾平均含量为116毫克/千克。

薄层钙质粗骨土:主要分布在二龙乡、高丘镇、老庄镇、柳泉铺乡、石佛寺镇、玉都街道办事处,面积1300.87公顷。有机质平均含量为13.81克/千克,全氮平均含量为0.91克/千克,有效磷平均含量为7.2毫克/千克,速效钾平均含量为104毫克/千克。

2. 主要性状

该土种母质为石灰岩、白云岩、大理岩等石灰岩类风化残、坡积物。土体厚度小于30厘米(平均26厘米),厚层钙质粗骨土土体厚度小于30厘米,60厘米左右,剖面A—C构型,全剖面有砾石,石灰反应弱,微碱性,A层粒状或碎块状结构,相对较松。C层块状结构,砾石含量10%~60%。

3. 生产性能综述

薄层厚层钙质粗骨土:该土种地处低山陡坡,坡度大,土体薄,砾石含量多,地面植被覆盖差,侵蚀严重,不宜农用。宜发展林业,或种植牧草,立体种植,增加地面覆盖,保持水土。在坡度较缓处土层略厚、相对地势较低处可种植耐瘠耐旱树木。同时要严禁自由放牧,乱砍滥伐,以保护自然植被、做好水土保持工作。

4. 厚层钙质粗骨土

厚层钙质粗骨土:该土种地处中低山丘陵坡地的中、下部,土体有30%左右砾石,地面坡度较大,不宜开垦农用。利用重点应放在种植林、草,搞好水土保持上。虽该土种水资源缺乏,土壤水分条件差,但土体较厚,呈微碱性,土壤养分能满足林、草生长需要,是发展林业的良好基地。林下可种植牧草发展畜牧业,以增加地面覆盖,合理利用、培肥土壤,提高土壤蓄水保墒能力,减少和防止水土流失。

(十)典型红黏土土属

该土属为红黏土土类,典型红黏土亚类,该土属镇平县只有厚层石灰性红黏土一个土种。

1. 面积及分布

主要分布在二龙乡、遮山镇、玉都街道办事处等,面积389.56公顷。

2. 主要性状

成土母质是石灰岩风化后的残积坡积物,土体中石灰反应中等。分布在二龙乡赵湾水库北岸及遮山镇夏庄村周围的石灰质低山丘陵下部较平坦处,这种在石灰岩风化物上发育而成的土壤,颗粒较细,质地较重,由于在湿热气候条件的影响下,淋溶淀积作用强烈,次生黏化作用明显,黏粒及铁锰氧化物下移,使心土层更加黏重,并在结构面上有明显铁锰胶膜淀积,而表层土壤颜色呈暗棕色或红棕色,多为碎块状结构,剖面呈A—C构型,块状结构,质地在重壤土以上,夹有少量石砾,发育层次较明显。该土熟化度较低,除钾素外,土壤养分含量不高,又处于山前坡度较大地带,水土流失严重,土体厚度不等,多在1米以内,土质黏重,耕性差,养分转化释放慢,是较差的一种土壤类型。有机质平均含量为13.57克/千克,全氮平均含量为0.89克/千克,有效磷平均含量为9.5毫克/千克,速效钾平均含量为134毫克/千克。

3. 生产性能综述

该土种虽耕层养分含量一般较为丰富,但释放慢,保肥性能好,耕性不良,发老苗不发小苗,易旱。在缺乏灌溉的条件下,应因地制宜选择耐旱保收作物,亦可针对该土种钾素含量丰富的特点种植喜钾经济作物。为改善该土壤生产条件,针对该土种分布于丘陵坡地、地面不平、水土易流失特点,农田应加强农田基本建设、修筑水平梯田,利用休闲季节种植绿肥,多施有机肥,加深耕层,增强土壤蓄水保墒能力。非农地宜种草植树,增加地面覆盖,减少地表径流,防止水土流失。

(十一)硅铝质黄棕壤土属

该土属属于黄棕壤土类、典型黄棕壤亚类,主要分布在老庄、高丘、卢医乡西北部等乡镇的丘陵之上,遮山、彭营两乡镇也有少量分布,土壤面积1023.05公顷。

该土属系在花岗岩、花岗片麻岩等酸性岩类风化后的残积坡积物上发育而成的,表层质地轻,以壤质为主。在湿热气象条件影响下,一般都具有明显的淋溶淀积过程及次生黏化作用,所以土体下部质地较为黏重,有明显的淀积层及胶膜。又由于多处于垄岗与低山丘陵的过渡地带并经过了长期的流水侵蚀,土体厚薄不一,且夹杂有极少量的尚未完全风化的碎石砾,全剖面无石灰反应,土体之下为酸性基岩或半风化物。土体平均厚度44厘米,表层粒径小于0.01毫米物理性粒粒的含量为48.7%,有机质含量中等,全氮含量较低,速效磷非常缺乏,速效钾较为丰富。由于存在着不同程度的"三跑"(跑水、跑肥、跑土)的现象,土质黏重,耕层浅,不耐旱涝,肥力低,适宜种植耐瘠作物,是本县低产类型的土壤之一。今后应增施有机肥料及磷肥,配合氮素化肥,修好地埂,实行等高种植,可以使地力常新,由低产变中产,根据土体厚度的不同,分为中层硅铝质黄棕壤和厚层硅铝质黄棕壤两个土种。

1. 面积及分布

(1)厚层硅铝质黄棕壤:主要分布在卢医镇、王岗乡,面积106.67公顷。有机质平均含量为16.18克/千克,全氮平均含量为1.04克/千克,有效磷平均含量为9.4毫克/千克,速效钾平均含量为130毫克/千克。

(2)中层硅铝质黄棕壤:主要分布在卢医镇、遮山镇、高丘镇、彭营乡等地,面积1.37万亩。有机质平均含量为14.31克/千克,全氮平均含量为0.91克/千克,有效磷平均含量为8.3毫克/千克,速效钾平均含量为114毫克/千克。

2. 主要性状

该土种母质为花岗岩类风化残、坡积物。中层硅铝质黄棕壤，土体厚度30～60厘米，厚层硅铝质黄棕壤，土体厚度60厘米以上，剖面A—B₁—r构型。土体无石灰反应，呈微酸性至酸性，pH为6.0～6.5。全剖面质地沙质壤土至沙质黏壤土（沙壤土至中壤土）。厚层硅铝质黄棕壤，A层色暗，有白色菌丝，B₁层橄榄色。中层硅铝质黄棕壤，B1层黄棕色，结构面有黏粒胶膜淀积。

3. 生产性能综述

中层硅铝质黄棕壤，该土种大部分为林地，园地面积不大，仅小部分为耕地。属低产类型的坡耕地，水土流失为生产中的主要问题。在改良利用上由于该土种多分布在15度以上的坡地上，不宜农耕，农田应还林还牧，种植林、草。该土种质地轻，多呈微酸性，宜多种林木。应在封山育林，保持水土的前提下，发展适生林木。山地阴坡宜于营造喜湿性树种。海拔700米以上的阳坡可发展山萸肉。

厚层硅铝质黄棕壤土层较厚，质地较轻，疏松，耕性良好，适耕期长。但因山高天寒，耕层含有砾石，也为低产田壤类型。在改良利用上，海拔较低的地方可发展茶叶、板栗，较高处发展用材林。

（十二）硅铝质黄棕壤性土土属

该土属属于黄棕壤土类，黄棕壤性土亚类，该土属镇平县只有厚层硅铝质黄棕壤性土一个土种。

1. 面积与分布

主要分布在老庄镇、石佛寺镇、二龙乡、柳泉铺乡及玉都街道办事处，北部丘陵的下部，面积3779.19公顷。

2. 主要性能

该土种成土母质为酸性岩类风化物，其中大部分土壤是在花岗岩风化后的残积坡积物上发育而成的，堆积层质地粗，多为沙粒，黏粒含量较少，松散，无明显的发育层次，但有较明显的堆积层次，全剖面无石灰反应，剖面构型是A—B₁—C，呈酸性或微酸性，有10%以上的砾石，质地沙质壤土，B₁层黄棕色。有机质平均含量为13.6克/千克，全氮平均含量为0.87克/千克，有效磷平均含量为9.6毫克/千克，速效钾平均含量为100毫克/千克。

3. 生产性能描述

该土种易耕易耙，热容量小，昼夜温差大，养分分解迅速，养分易淋失，保肥能力差，耐涝不耐旱，是低产的土壤类型，适宜种植耐旱性强的作物。在生产上要增施有机肥料，少量多次施用化肥，才能获得较好的收成。

（十三）砂泥质黄棕壤性土土属

该土属属于黄棕壤土类，黄棕壤性土亚类，镇平县只有厚层砂泥质黄棕壤性土一个土种。

1. 面积与分布

厚层砂泥质黄棕壤性土主要分布在石佛寺镇、二龙乡，面积243.76公顷。

2. 主要性状

该土种母质为泥质砂岩、泥质砂页岩等泥质岩类风化残、坡积物。土体厚度60厘米以上，剖面呈A—（B₁）—r构型。全剖面有10%～30%砾石，质地沙质壤土（轻壤土），无石灰反应,呈酸性至微酸性,(B₁)层黄棕色,有机质平均含量为 14.01 克/千克,全氮平均含量为 0.84 克/千克,有效磷平均含量为 13.7 毫克/千克,速效钾平均含量为 8 毫克/千克。

3. 生产性能综述

该土种土体虽厚,但养分含量亦低,为低产土壤类型,分布地面虽坡度略缓,但仍不适于农用。宜于发展林草,植被覆盖差,水土流失较为严重是该土种生产中的主要问题。今后大部分农地应退耕还林还牧,增加地面覆盖。与此同时搞好坡地平整和整修梯田,以减少水土流失、保护地表肥土。

(十四)紫泥土(泥质中性紫色土)

该土属属紫色土类,中性紫色土亚类,紫泥土土属。本土属镇平县只有厚层泥质中性紫色土一个土种。

1. 面积及分布

主要分布在高丘镇、王岗乡、卢医镇,低山丘陵坡地的坡麓及台地,面积 583.22 公顷。

2. 主要性状

成土母质是紫色岩类冲积物坡积物。该土种土体厚度大于 1 米。表层以重壤土为主、紫红色、碎块状结构,下层质地黏重,块状结构。褐紫色,有铁锰胶膜及铁锰结核。剖面呈 A—C 构型。在 20~50 厘米土体内出现大于 50 厘米的铁锰淀积层,土层无石灰反应,表层粒径小于 0.01 毫米物理性黏粒含量为 44.19%,有机质平均含量为 13.15 克/千克,全氮平均含量为 0.87 克/千克,有效磷平均含量为 6.5 毫克/千克,速效钾平均含量为 90 毫克/千克。除钾素较丰富外,其余养分含量都很低,速效磷更是极度缺乏。

3. 生产性能描述

该土处于坡度较大的地形部位,质地黏重,通透性差,耕层浅薄(一般 15 厘米左右),适耕期短,耕作困难,难犁难耙,上层滞水,保水能力差,养分含量低。下部黏重土层出现部位较高,水源条件又差,不耐旱,产量低。在生产中要增加肥料的施用量,采用横坡耕作、等高种植等方法种植耐旱耐瘠作物,充分发挥其生产潜力。

(十五)紫砂土(砂质中性紫色土)土属

该土属属紫色土类,中性紫色土亚类,紫砂土(砂质中性紫色土)土属。本土属镇平县只有厚层砂质中性紫色土一个土种。

1. 面积与分布

该土属只分布在高丘镇,面积 75.12 公顷。

2. 主要性状

该土种母质为红色砂岩、紫色砂页岩风化残、坡积物。土体厚度大于 60 厘米(平均 90 厘米),剖面呈 A—AC—C 构型。全剖面红棕色有砾石,砾石含量 10% 左右,质地沙质壤土(轻壤土)无石灰反应,碳酸钙含量小于 0.5%,中性,A 层粒状结构,色较暗。C 层小块状结构。有机质平均含量为 12.15 克/千克,全氮平均含量为 0.78 克/千克,有效磷平均含量为 12.6 毫克/千克,速效钾平均含量为 75 毫克/千克。

3. 生产性能综述

该土种土体较厚,质地适中,含有砾石。林、草覆盖较好的虽表层有机质、全氮含量较高,但因存在漏水、漏肥,加之有一定坡度,土壤易侵蚀,故亦属低产土壤类型。在改良利用上首先应封山育林,发展林草,种植砾类、山楂等耐瘠林木,增加地面覆盖度,保持水土。缓坡农地开垦种植应修筑地垱,平整土地,搞好水土保持,防止水土流失,增施有机肥,重视磷肥施用,以提高单位面积产量。

(十六)砂质石灰性紫色土土属

该土属属紫色土类,石灰性紫色土亚类,有厚层砂质石灰性紫色土、薄层砂质石灰性紫色土两个土种。多分布在丘陵或垄岗上部,面积965.33公顷,成土母质以石灰性紫色岩类风化后的残积物为主,因而土体中有游离的碳酸钙。

1. 厚层砂质石灰性紫色土

(1)面积与分布:主要分布在高丘镇、石佛寺镇,面积733.93公顷。

(2)主要性状:该土种成土母质是紫色岩类的坡积洪积物,有石灰反应,土体厚大于60厘米,表层中壤土,也有沙壤土或重壤土。土体中无明显铁锰淀积现象,发育较弱,剖面呈A—C构型,全剖面棕色。质地沙质黏壤土(轻壤土至中壤土),pH为7.6~8.3。A层色较暗,小块状结构,有中强石灰反应;C层块状结构,有较多砾石,有机质平均含量为13.01克/千克,全氮平均含量为0.82克/千克,有效磷平均含量为7.7毫克/千克,速效钾平均含量为104毫克/千克。

(3)生产性能综述:该土种土体较厚,质地较为适中,适耕期长,耕性良好,水、气、热状况较为协调,保水、保肥性能较好。由于分布于坡地,水土流失,土壤瘠薄,因而宜于种植耐瘠作物。应用养结合,把种植绿肥肥田纳入轮作制度,多施有机肥,以培肥地力。由于钾素含量较为丰富,磷素贫乏,化肥施用应以氮为主,重视磷肥施用,以协调土壤营养元素比例,提高肥料利用率。

2. 薄层砂质石灰性紫色土

(1)面积及分布:主要分布在高丘镇紫色岩丘陵上部,面积231.4公顷。

(2)主要性状:成土母质是灰质紫色岩类的残积坡积物,该土目前正处于不断受侵蚀的过程中,所以土壤质地粗,砾石含量多,土体厚度30厘米以下,剖面呈A—C构型,质地沙质壤土至黏壤土,有中强石灰反应,微碱性,A层灰红色,粒状结构,C层块状结构,氮磷含量不高,富钾。有机质平均含量为13.01克/千克,全氮平均含量为0.82克/千克,有效磷平均含量为7.7毫克/千克,速效钾平均含量为124毫克/千克。

(3)生产性能综述:该土种分布于低山、岗丘缓坡,土体较薄,内排水性能良好。由于地表植被覆盖差,水土流失较为严重,土壤贫瘠。因而是一种低产土壤类型,宜于种植耐瘠林、草,已开垦农用的应退耕还林还牧,增加植被。以便保持水土,合理利用土壤。

(十七)青泥田(黄褐土性潜育型水稻土)土属

该土属属于水稻土类,潜育水稻土亚类,镇平县只有浅位青泥田一个土种。

(1)面积与分布:主要分布在老庄乡冲谷地段,常见于地势低洼处,土地面积11.5公顷。

(2)主要性状:地下水位较高或接近地表,剖面结构一般为A—AP—G—型,也有的为A—(AP)—G型,潜育层因铁锰被还原为低价化合物,颜色以青灰色为主,呈软块状或泥糊状,故群众称之为青泥层,潜育层活性铁含量高,亚铁反应明显。全剖面无石灰反应,酸碱度呈中性。该土种耕层重壤土以上,20~50厘米土体内出现大于50厘米的青泥层。青泥层出现部位高,在28厘米左右,造成土壤温度低,通透性极差,影响水稻生长。有机质平均含量为10.2克/千克,全氮平均含量为0.76克/千克,有效磷平均含量为8.3毫克/千克,速效钾平均含量为 86 毫克/千克。速效养分含量低,水稻产量不高,是水稻土中较差的土壤类型。

(3)生产性综述:此种土壤潜育层呈泥糊状,容重大,加之地下水位高,土体排水不畅,易滞水,常年处于还原状态,嫌气性微生物活动旺盛,产生大量还原性物质,致使硫化氢、有机酸等有毒物质多,属水害严重致使生产潜力不能得以充分发挥的土种之一。在生产中要开沟排水,降低地下水位,增施有机肥料,提高产量。

(十八)黄泥田(黄褐土性潴育型水稻土)土属

该土属属于水稻土类,潴育水稻土亚类,镇平县只有浅位厚层黄胶泥田土一个土种。主要分布在老庄、二龙两个乡镇的水源丰富,排灌条件良好的低山谷地之中。

浅位厚层黄胶泥田土种

(1)面积与分布:分布在二龙、老庄两个乡镇,面积 34.06 公顷。

(2)主要性状:其母土为浅位厚层黄胶土,母质为下蜀黄土,剖面构型为。A—AP—W—C型。耕层壤质,20~50 厘米土体内,出现 20~50 厘米厚的潴育层,耕层平均 15 厘米,重壤,浅黄灰色,有板锈,粒径小于 0.01 毫米物理性黏粒的含量平均 35.15%。潴育层灰黄色,重壤,碎块状结构,有少量铁锰结核出现,潴育层褐色,块状结构,有大量的铁锰胶膜、斑纹和结核。潴育层因局部氧化还原作用明显,铁锰新生体明显聚积状态,颜色多为深灰色,具有大量棕黄色斑纹,结构面上胶膜明显,在水稻土中,是较理想的土壤类型。有机质平均含量为 19.15 克/千克,全氮平均含量为 1.02 克/千克,有效磷平均含量为 14.2 毫克/千克,速效钾平均含量为 100 毫克/千克。

(3)生产性能综述:该土种,耕作层结构良好,疏松易耕,犁底层稍紧实,透水弱,保水性能强。潴育层质地较重,水耕容易,旱作困难,适耕期短,通透性差,滞水性强。土垡浸水后,分散成泥浆,多留有小的泥核,糊而不烂。由于黏粒下移和铁锰结核明显转移聚积至潴育层,有利于根系下气,且潴育层质地黏重,托水托肥性增强,该土种长期在淹水条件下耕作,处于嫌气状态,有机质分解慢,潜在肥力较高,适宜水、旱轮作,一年两熟。

(十九)潮泥田(潮土性潴育型水稻土)土属

该土属属于水稻土类,潴育水稻土亚类。镇平县只有潮泥田(潮土性潴育型水稻土)一个土种。

(1)面积与分布:主要分布在二龙乡山间河流的冲谷处,面积 21.46 公顷。

(2)主要性状:该土是发育于坡积物、洪积物上的土壤,剖面构型为 A—P—W 型或 A—P—W—C 型,表层呈黄灰色。部分土体表层为沙壤土,20~50 厘米上体内出现大于 50 厘米的黏土层,各层均有锈色斑纹出现。有机质平均含量为 13.54 克/千克,全氮平均含量为 0.85 克/千克,有效磷平均含量为 9.8 毫克/千克,速效钾平均含量为 101 毫克/千克。

(3)生产性能综述:此土质地上轻下重,黏土层以上通透能力较强,底土层渗而不漏,保水托肥,供肥性能好,疏松易耕,适耕期长,适种作物广,也有部分土体 1 米内均为壤质或沙壤质,表层物理性黏粒含量略低,但自上而下逐渐提高,保肥性稍差,作物前期发苗快,中期能稳长,但后期有早衰现象。

第三节　耕地立地条件

一、地形

镇平县位于河南省西南部,伏牛山南麓,属秦岭褶皱系的东延部分。其地形北高南低,呈明显阶梯状向南阳盆地中心延伸,山、丘、平各占 1/3,自东北向西南环状倾斜。北部山区海拔 1665 米,中部丘陵海拔 170~300 米,南部平原区海拔 110~170 米。

二、地貌

镇平县的地貌形态是在加里东、华里西、燕山及喜马拉雅造山运动的长期影响下形成的。根据其成因和形态可划分为如下四个单元。

(一)低山丘陵

低山丘陵主要位于镇平县北部,包括二龙乡全部,原四山乡及老庄镇大部,石佛寺、玉都、柳泉铺各一小部分。海拔 300~1000 米,个别山峰超过 1000 米。主峰五垛山海拔 1665米,是伏牛山延伸到镇平的制高点,并自五垛山开始向南和东南展延,东南的牡丹垛海拔501 米。由于在构造运动上升的基础上长期受到以剥蚀为主、侵蚀次之的各种外动力的综合作用,山势北部较为陡峭,坡度 30°~50°,峰谷相间,沟壑纵横,山谷多呈 V 形,南部山体较为平缓,坡度在 35°左右,沟谷多呈 U 形。

这一地区广泛分布着燕山运动时期所形成的花岗岩,还有下元古界时期所形成的二云母石英片岩,拓榴子片岩和角闪片岩等。

成土母质主要是岩类风化后的残积物和坡积物。残积物出现在低山丘陵的中上部,由于坡陡侵蚀严重,水土易流失,所以风化物层次薄,含砾石,养分含量低,多属粗骨性土壤类型。个别地方由于植被较茂盛,枯枝落叶长年堆积,形成厚度不同的有机质层。坡积物分布在低山丘陵中下部,搬运距离短,分选作用弱,粗细颗粒同时混存,无明显层次,自山坡向下土层逐渐增厚,土壤类型多为山黄土。

整个山区土体浅薄,植被覆盖度不高,水源缺,生产条件不良,宜林宜草宜牧,种植农作物面积较小。主要种植作物为小麦、花生、杂粮和红薯,大部分为林地。小麦亩产 250 千克,花生亩产 150~200 千克,杂粮亩产 250 千克。

(二)垄岗

垄岗主要位于镇平县中部,其北部与低山丘陵相接,包括枣园、王岗、高丘、柳泉铺四个乡(镇、街道)全部,曲屯、玉都、遮山、卢医、石佛寺五个乡(镇、街道)大部,晁陂、老庄两镇一少部分。海拔一般在 170~300 米,由北向南倾斜,地面坡降 1/100~1/200。由于受第四纪新构造运动的影响,地面相对抬升,加之不断接受北部山区坡积洪积物质的堆积,再经流水的侵蚀切割,形成了数条南北走向的垄岗地貌类型,岗长几千米至数十千米,宽约几千米,岗顶较为平缓,岗间洼地较宽阔,相对高差一般在 10~30 米。侵蚀沟多,水土流失严重,水蚀模数每年每平方千米在 1300 吨以上。此外,县境东南及西南各有孤山一座,东南叫遮山,海拔 360 米,西南叫先主山,海拔 334 米。

成土母质主要为第四系中更新统坡积洪积的棕黄色黏土、亚黏土,沉积厚度一般为 20~

100 米,结构紧实,质地黏重,心土层具有明显黏化现象,土体中出现大量铁锰结核,结构面上有明显铁锰胶膜等新生体,有些还含有砂姜或砂姜层。耕层浅,地下水位深,黄褐土亚类土壤多发育在这种母质上。另外,先主山中下部存在着未分层的残积、坡积的黄褐色亚黏土、亚砂土,山顶上有燕山期的细粒花岗岩及黑云母花岗岩外露,在遮山上外露有白垩系第三系紫红色砾岩、砂岩、泥灰岩及上太古界石墨大理岩、钙质片岩。其土壤肥力不均匀,种植作物以小麦、玉米、杂粮为主,常年小麦亩产 350 ~ 400 千克,玉米亩产 400 千克左右,杂粮亩产 250 ~ 300 千克。

(三)冲积平原

冲积平原主要分布在赵河沿岸,由河漫滩与一、二级阶地组成,地势较平坦,海拔 130 ~ 200 米,地面坡降 1/300 ~ 1/500。其岩性组成为第四系全新统河流冲积的灰黄或黄褐色的砂土或亚砂土、黏土或亚黏土。成土母质为冲积物,受流水分选作用的影响,离河床愈近质地愈黏松,愈远愈黏细,呈条带状分布,质地层次具有明层理性,组成成分复杂,矿物种类繁多,养分含量丰富,常发育成较肥沃土壤,土类多湖土类如灰两合土等。种植作物小麦、玉米、棉花、蔬菜等。常年小麦产量 400 ~ 450 千克,玉米产量 500 千克以上,是粮食作物高产区。

(四)低洼湖积平原

低洼湖积平原主要分布在镇平县南部较低洼地区,包括张林乡全部,彭营、安字营、侯集、杨营、贾宋、马庄大部,以及遮山、柳泉铺、雪枫、晁陂一小部分。地势低平,海拔 110 ~ 170 米,地面坡降 1/400 ~ 1/600。

地面被第四系上更新统湖相沉积的黑灰色黏土、亚黏土所覆盖,下部为第四系中更新统的褐黄色黏土层,有的土体内间有砂姜或砂姜层,在与冲积平原及垄岗的交接地带,在湖积物上又覆盖一近代河流冲积物。

此区地下水丰富,土壤潜在肥力较高,但易受渍涝威胁,经改良,可成为较好农业生产用地。宜耕性好,灌溉条件优越,是以小麦、玉米、棉花种植为主的粮棉主产区域,常年小麦亩产在 400 千克以上,玉米亩产在 500 千克以上。

三、土壤质地

镇平县共有重黏土、重壤土、中壤土、轻壤土、沙壤土、紧砂土、松砂土、中黏土等 8 种质地,其中重黏土在镇平县分布面积最大,为 29326.17 公顷,占耕地面积的 36.3%;其次是重壤土,面积为 21752.32 公顷,占耕地面积的 26.9%;中壤土面积为 18377.61 公顷,占耕地面积的 22.8%,其他各种土壤质地在镇平县分布面积不大。

四、成土母质

(一)母质的成因及性质

镇平县低山丘陵的土壤成土母质是岩类风化后的残积物和坡积物,残积物出现在低山区丘陵的中上部,因坡度大,水土易流失,层次薄,含石砾,养分含量低。坡积物在山区丘陵的中下部,粗细颗粒混存,并含砾石,无明显分层,自山坡向下土层渐加厚,土壤类型多为山黄土。

垄岗区成土母质为第四系中更新统坡积洪积的粗棕黄色黏土,沉积厚度一般为 20 ~

100米,结构紧实,质地黏重,心土层具有明显黏化现象,土体中出现大量铁锰结核,结构面上有明显铁锰胶膜等新生体,有些还含有砂姜或砂姜层。耕层浅,地下水位深,黄褐土亚类土壤多发育在这种母质上。

冲积平原成土母质为冲积物,受流水分选作用的影响,离河床愈近,质地愈黏松,愈远愈黏细,呈条带状分布,质地层次具有明层理性,组成成分复杂,矿物种类繁多,养分含量丰富,常发育成较肥沃土壤,土类多湖土类的灰两合土等。

低洼湖积平原成土母质为第四系上更新统湖相沉积的黑灰色黏土、亚黏土所覆盖,下部为第四系中更新统的褐黄色的黏土层,有的土体内间有砂姜或砂姜层,在与冲积平原及垄岗的交接地带,在湖积物上又覆盖一近代河流冲积物。

(二)母质的地带性分布

镇平县地处亚热带北缘,因不同地貌类型上的植被和水热状况不同,土类千变万化,但空间分布具有明显的规律性。

北部山区随着海拔的增加,温度降低,1100米以上比300米气温要低7℃左右,降水量增多,植被以夏绿阔叶林为主,林下灌木杂草丛生,在这种生物气候条件影响下,形成棕壤土。海拔1100米以下的山地及丘陵区,因受北亚热带东南季风的影响,温度升高,降水减少,夏季高温多雨,秋季天高气爽,冬季低温干燥,植被多破坏,多分布有黄棕壤土,由北往南依次分布着黄棕壤亚类中的薄有机质薄层淡岩黄棕壤、粗骨性黄棕壤亚类中的多砾质薄层淡岩黄砂石土,母质为紫色砂岩、砂页岩和沙砾岩等风化物则为紫色土,在个别灰质岩山体上则分布灰质岩黄砂石土。

在流水的侵蚀下,呈树枝状伸展的山间谷地各类岩石的风化物大量堆积,这些地方的土壤为山黄土、山砂土,具有树枝状分布特点。

在赵河、潦河等河流两侧带状平原区,母质为冲积物或洪积物,加上水文状况影响,从带状冲积平原的外部边缘至河漫滩处,随着地势的降低,依次分布着黄老土、壤黄土、两合土或灰两合土,并呈现出与河流走向一致的带状分布特点。

在南部湖积平原低洼处,广泛分布着砂姜黑土、灰质砂姜黑土。在湖积平原的边缘稍高处,湖积物上又覆盖一层厚度不等的洪冲积物。分布着黑老土和灰质黑老土。

中部垄岗地区,是由古老的洪积扇经过流水的侵蚀切割作用形成了数条大致呈南北走向的垄岗地貌。在垄岗中上部分布有黄胶土、砂姜黄胶土。在中下部分布着老黄土或黄老土。在沿河两岸,分布着黄老土或壤黄土,随着垄岗走向呈南北带状分布。

第四节　农业基础设施

一、农业水利状况

1958年在"大跃进"的年代里,以防洪灌溉为主,先后在赵河、沿陵河、潦河上游兴建赵湾、高丘、陡坡3座中型水库,总工程量348.057万立方米,总投资1481万元,设计灌溉面积20.38万亩,防洪面积35平方千米,3座中型水库建成后至今未发生过大的水灾。

1958～1980年,全县共建成小型水库19座,其中小(1)型3座,小(2)型16座,总投资227万元,总库容1270万立方米,设计灌溉面积2.42万亩,共修塘、堰、坝897座,蓄水821

万立方米,有效灌溉面积1.54万亩。

为水库配套修干渠21条,其中中型水库干渠4条,小型水库干渠17条。同时修引河渠983条,设计灌溉面积29.22万亩,有效灌溉面积19.58万亩。

平原宜井地区要求百亩一眼井,逐步实现园田化,每年打井1500眼,做到机电机房、渠系、田间工程、管理人员四配套。山丘地区要因地制宜,坚持以小型为主,以蓄为主,以当前效益为主,搞一些塘、堰、坝,至1985年全县共有机井5651眼,配套2910眼,电灌站39处,塘、堰、坝897座,有效灌溉面积18.31万亩。到2007年全县机井拥有量达到6800眼,有效灌溉面积65万亩以上。

二、农业水利机械

农业水利机械主要有抽水机、喷灌机等。

(1)抽水机。1985年全县有各种水泵抽水机3373台;1999年发展到5505台;2008年发展到8583台。

(2)喷灌机。1985年全县有各种喷灌机589台;1999年发展到1536台;2008年发展到2178台。

第五节　耕地保养管理的主要措施

一、发展灌溉事业

从20世纪80年代末开始,由于地下水位下降,逐步开始农用电建设和潜水泵配套,到目前已发展成为保灌型灌溉农业。随着灌溉农业的发展,土地逐步得到平整,建成了以畦灌形式为主的节水灌溉型旱涝保收基本农田网。

二、改革耕作制度

中华人民共和国成立后,主要采取人畜犁耙,耕层浅,生产力低,1950年全县粮食单产仅81千克,总产8644.5万千克。

1958年“大跃进”的年代里,全民搞深翻,一般都在一尺以上,深的达2~3尺,由于打乱了土壤耕层,未能达到预期的增产目的。在20世纪70年代,开展深耕、平整土地、治山整地、坡改梯、改良土壤、发展水利等工作,改善土地基本条件。80年代以后,随着大、中、小型拖拉机的发展,扩大机耕面积。2000年以后,又发展了适宜耕作的农业机械如机引犁、机引耙、旋耕机、秸秆粉碎机、机引播种机、化肥深施机等,在耕作上基本上实现了机械化。

三、合理轮作倒茬

镇平县历史上早已形成了“三播”(春播、夏播、秋播)、“两收”(夏收、秋收)制度。习惯上侧重麦播,留炕地面积大,1978年以后呈现“夏抓粮,秋抓钱”的安排法,赶茬把花生、芝麻等一些习惯春播作物改为夏播,提高了复种指数。1985年复种指数达到180.8%,较1980年提高31.5%。为减轻病虫害的危害,人们还注意合理轮作倒茬,用地养地结合。

在20世纪八九十年代,种植方式上按照不同类型区,沿用了习惯的轮作模式:

沿河潮土和南部大部分地区:人多地少,经过改良,土质肥沃,生产条件优越,以一年两熟制为主,即麦玉米(或间作豆类);麦—红薯轮作。

中部黑土和北部丘陵地区:水利条件差,耕地面积大,以三年五熟为主,间有两年三熟和一年一熟的,即麦—豆类—麦—红薯—冬闲地—棉花;麦—芝麻—麦—红薯—冬闲地—红薯;麦—红薯—冬闲地—高粱(或红薯)。

稻区:一年两熟制,即麦—水稻。

2000年以后,随着大型联合收割机的普及,大多平原区和缓岗区推行一年两熟制,一季麦一季玉米或一季麦一季豆(或红薯);随着种植模式的单一化,重茬现象较为普遍。

四、发展间作套种

镇平农民在长期的生产实践中,创造出不少间混套种的栽培技术。20世纪六七十年代,推广玉米和大豆(绿豆)间作套种。玉米是高秆作物,需氮量大,而豆类是低秆作物,且能产生固氮根瘤菌,能增加土壤中氮素肥料,两者高低需肥互补,合理利用空间,有利通风透光。因此,这一时期这种模式非常普遍。20世纪八九十年代,农民又创造了玉米芝麻套种、麦套棉、小麦、小辣椒、玉米套种,小麦、油菜、玉米、红薯套种,还有小麦、土豆、西瓜套种模式等,实现了一年多熟。

但是,2000年以后,随着大型农机具的广泛应用及农村劳动力的转移,作物布局和种植形式也发生了变化,由于间作套种不利于机械操作,在平原和缓岗地区,大部分都采用了一季麦一季玉米的一年两熟制种植模式,只有少数山区还保留有间作套种形式。

五、培肥地力、平衡土壤养分

1984年3月开始在全县范围进行了第二次土壤普查,查清了各土壤类型及其分布。分析了理化性状,找出了制约农业生产的限制因素:旱涝频繁,土壤抗灾能力低下;土壤质地黏重,土体浅薄;水土流失严重;氮磷比例失调;土壤有机质含量低,土壤缺磷、缺钾,土壤养分不平衡等。提出了植树造林,涵养水源,控制水土流失;充分利用现有水利设施,提高防旱排涝能力;精耕细作,改良土壤不良性状;合理施肥,改善土壤肥力;建立良好的轮作制度;尤其是近年来大力推广秸秆还田,增施有机肥的沃土计划,补钾工程,补微工程,配方施肥技术等措施,使农田基本肥力得到提高,土壤养分逐步得以平衡,加上基本农田保护政策的保护作用,使大部分农田得以培肥利用,变为高产粮田,保证了镇平农业生产的稳步健康发展。

第三章　耕地土壤养分

土壤化学性状是土壤肥力的中心内容,土壤中含有大量元素和中微量元素,这些养分含量的丰缺直接反映土壤潜在肥力,也是制定土壤利用方向及相应增产措施的主要依据,2007～2009年,我们对全县农业耕地土壤耕层(0～20厘米)取土化验,共化验土壤样品6322个。其中,2007年共取土壤样品3807个,2008年共取土壤样品2253个,2009年共取土壤样品519个,获得了比较翔实的数据。

第一节　有机质

土壤有机质是土壤肥力的重要组成部分,它来源于植物的茎秆和落叶、落果、根系、土壤中动物和微生物的残体,以及施入土壤中的各种有机肥料等。与土壤的发生、演变,土壤肥力水平和许多土壤的其他属性有密切关系。土壤有机质含有作物生长所需的多种营养元素,分解后可直接为作物生长提供营养;有机质具有改善土壤理化性状,影响土壤结构形成及通气性、渗透性、缓冲性、交换性能和保水保肥性能,是评价耕地地力的重要指标。

一、耕层土壤有机质含量及分布

本次耕地地力调查共化验分析耕层土样6322个,平均含量为16.04克/千克,变化范围5.20～33.30克/千克,标准差3.95,变异系数25%。比1984年第二次土壤普查平均含量12.68克/千克,增加了3.36克/千克。土壤有机质的积累与矿化是土壤与生态环境之间物质和能量循环的一个重要环节。有机质含量的增加,一方面说明有机质腐质化过程大于矿质化过程,另一方面也说明秸秆还田等增施有机肥技术的推广,对有机质含量的提高起到了一定的作用。土壤有机质含量分布见表3-1、附图2。

表3-1　镇平县耕地土壤耕层有机质含量状况及分布

等级	有机质含量(克/千克)	面积(公顷)	占百分数(%)
1	>20	5110.74	6.3
2	17～20	22047.92	27.3
3	15～17	21900.69	27.1
4	10～15	31584.82	39.2
5	≤10	108.47	0.1

按照第二次土壤普查标准,含量为6%～10%的为5级,属于低含量的面积是108.47平方千米,全部分布在二龙、高丘、老庄三个山区乡(镇),只占全县耕地面积的0.1%;含量为10%～20%的为四级,属于较低含量,这部分面积为75533.43公顷,占全县耕地面积的93.5%;含量为20%～30%的为三级,属于中等含量,这部分面积只有5110.74公顷,大多分布

在雪枫、杨营、张林、彭营、贾宋、郭庄等平原乡（镇），占全县耕地面积的6.3%；以上数据说明镇平县耕地有机质含量总体处于较低水平，提高有机质含量将是今后耕地改良的主攻目标。

二、不同土壤类型有机质含量

不同类型土壤成土母质不同，在不同成土因素及人类生产活动影响下有机质含量状况存在差异。镇平县有机质含量较低的土种是水稻土和紫色土，和有机质含量较高的砂姜黑土相差5.4克/千克左右，见表3-2。

表3-2　不同土类有机质含量　　　　　　　　　　　　　　（单位：克/千克）

县土类名称	平均值	最大值	最小值	标准差	变异系数
潮土	13.88	19.4	10.6	2.38	0.129
黄棕壤	14.95	25.4	9.5	2.38	0.144
砂姜黑土	17.95	25.4	12.1	2.41	0.132
水稻土	12.55	14.8	9.8	1.7	0.135
紫色土	13.14	16.8	9.8	1.150	0.0875
黄褐土	14.98	253	10.2	2.2	
粗骨土	13.59	20	9.3	1.37	
红黏土	13.59	17.30	10.4	1.36	

砂姜黑土因其母质是湖相沉积物而且比较黏重，有机质含量最高，平均含量达到17.95克/千克，紫色土、粗骨土、红黏土因其质地为松砂土或紧砂土，土质松散，土粒较粗，有机质含量相对较低。

三、耕层有机质含量与土壤质地的关系

土壤质地与耕层有机质含量有较密切的关系。从化验结果分析中得出，不同土壤质地有机质含量在镇平县的分布规律是：重壤土＞重黏土＞中壤土＞中黏土＞沙壤土＞紧砂土＞轻壤土＞松砂土，由此可以看出质地越黏有机质含量越高，质地越轻有机质含量越低。其含量见表3-3。

表3-3　不同质地土壤有机质养分含量　　　　　　　　　　（单位：克/千克）

土壤质地	平均值	最大值	最小值	标准差	变异系数（%）
紧砂土	13.51	17.3	9.5	1.19	0.088
轻壤土	13.49	16.7	9.8	1.16	0.086
沙壤土	13.64	18.4	11.7	1.52	0.111
松砂土	13.43	20	9.3	1.31	0.098
中黏土	13.65	18	9.8	1.79	0.131
中壤土	14.52	24.2	9.6	2.16	0.149
重黏土	16.33	25.2	10.5	2.59	0.159
重壤土	16.22	25.4	10.2	2.78	0.171

第二节　大量元素

一、全氮

氮素是一般植物需要较多的必需营养元素,其含量的高低不但直接影响基础肥力,而且影响土壤潜力。三年来土壤样品分析结果显示,全县耕层土壤全氮平均含量为 1.01 克/千克,变化范围 0.34～1.95 克/千克,标准差 0.19,变异系数 0.97。比 1984 年第二次土壤普查平均含量 0.82 克/千克,增加了 0.19 克/千克。

(一)耕地土壤耕层全氮含量及分布

镇平县耕地土壤耕层全氮含量状况分布见表 3-4、附图 3。

表 3-4　镇平县耕地土壤耕层全氮含量状况分布　　　　(单位:公顷)

乡(镇、街道)	全氮分级					总计
	一级 (>1.2 克/千克)	二级 (1～1.2 克/千克)	三级 (0.9～1 克/千克)	四级 (0.75～0.9 克/千克)	五级 (<0.75 克/千克)	
安字营乡	1312.08	3165.30	337.01	432.78		5247.17
晁陂镇		629.40	2058.07	288.84		2976.31
二龙乡	4.27	25.30	164.89	866.08	156.99	1217.53
高丘镇		563.32	1746.01	4352.05	42.66	6704.04
郭庄回族乡	10.56	1041.78	178.10			1230.44
侯集镇		1218.32	1468.09	2163.87		4850.28
贾宋镇	569.48	2874.67	258.04			3702.19
老庄镇		130.79	482.79	3232.19	147.09	3992.86
柳泉铺乡	10.39	2913.64	1235.07	65.16		4224.26
卢医镇		2419.09	910.64	479.57	0.15	3809.45
马庄乡	94.68	1806.55	939.01			2840.24
涅阳街道	32.35	5.19				37.54
彭营乡	1908.94	3064.27	300.32	87.15		5360.68
曲屯镇		3209.56	400.16	6.59		3616.31
石佛寺镇	2.22	299.86	1540.06	2587.45	69.87	4499.46
王岗乡		298.33	1979.65	502.59		2780.57
雪枫街道	1623.04	348.12				1971.16
杨营镇	303.30	1277.1	1660.04	651.51		3891.95
玉都街道	17.43	1642.09	1516.10	180.96		3356.58
枣园镇	2.95	3244.71	1127.80			4375.46
张林乡	19.49	6335.24	15.84			6370.57
遮山镇		353.71	2452.45	891.43		3697.59
总计	5911.18	36866.34	20770.14	16788.22	416.76	80752.64

按照第二次土壤普查分级标准,全氮含量在0.5～0.75克/千克,属于低含量水平,这部分面积为416.76公顷,占全县耕地面积的0.5%,主要分布在山区丘陵乡(镇);全氮含量在0.75～1克/千克,属于较低含量水平,这部分面积为37558.36公顷,占全县耕地面积的46.5%;全氮含量在1～1.5克/千克,属于中等含量水平,这部分面积为42777.52公顷,占全县耕地面积的53%。以上数据说明镇平县全氮含量整体处于中低水平。

(二)不同土壤类型全氮含量

不同土壤类型全氮含量差异较小。砂姜黑土含量最高,其次是黄褐土。水稻土、紫色土含量最低。不同土壤类型氮素含量见表3-5。

表3-5　不同土壤类型氮素含量

县土类名称	平均值 (克/千克)	最大值 (克/千克)	最小值 (克/千克)	标准差	变异系数
潮土	0.89	1.21	0.72	0.09	0.101
黄棕壤	0.92	1.30	0.67	0.13	0.141
砂姜黑土	1.10	1.39	0.85	0.10	0.091
水稻土	0.80	0.91	0.75	0.04	0.050
紫色土	0.84	1.02	0.68	0.06	0.071
黄褐土	0.96	1.36	0.68	0.10	0.104
粗骨土	0.87	1.24	0.65	0.09	0.103
红黏土	0.89	1.00	0.79	0.05	0.056

(三)不同土壤质地全氮含量

不同质地耕层土壤全氮含量排列顺序分别为重黏土＞重壤土＞中壤土＞沙壤土＞中黏土＞紧砂土＞轻壤土＞松砂土,见表3-6。

表3-6　不同土壤质地氮素含量　　　　　　　　　(单位:克/千克)

质地	轻壤土	紧砂土	沙壤土	松砂土	中黏土	中壤土	重黏土	重壤土
平均值	0.86	0.89	0.91	0.85	0.89	0.93	1.03	1.01

从统计结果看,全氮含量的高低与土壤有机质含量呈正相关,质地对土壤含氮量的影响较大,氮素含量的高低同有机质一样,同样遵从质地越重含氮量越高,质地越轻含氮量越低的规律,分析其原因,是因为质地轻者土壤持水量小,通气良好,有机质分解快,因此氮素就难以积累,含量就偏低,质地重者则与此相反,所以影响土壤有机质含量的各种因素也同样影响到全氮的含量。

二、有效磷

磷素在作物体内的含量仅次于氮和钾,是作物必需的大量元素之一。土壤中的磷一般以无机态磷和有机态磷形式存在,通常有机态磷占全磷量的35%左右,无机态磷占全磷量的65%左右。无机态磷中易溶性磷酸盐和土壤胶体中吸附的磷酸根离子,以及有机形态磷中易矿化的部分,被视为有效磷,约占土壤总含量的10%。土壤有效磷也称为速效磷,是土壤中可被植物吸收的磷组分。有效磷含量是衡量土壤养分含量和供应强度的重要指标。根据这次调查,全县耕层土壤有效磷含量平均为16.17毫克/千克,变化范围1.8~90.5毫克/千克,标准差12.7,变异系数79%。比1984年第二次土壤普查的3.9毫克/千克,增加了12.27毫克/千克,增加了3倍多,这与实行联产承包制以来,农民磷肥投入量加大有直接的关系。

(一)耕地土壤耕层有效磷含量及分布

耕地土壤耕层有效磷含量及分布见表3-7、附图4。

表3-7　耕地土壤耕层有效磷含量及分布　　　　　　　　　　　　　(单位:公顷)

乡(镇、街道)	一级 (>30 毫克/千克)	二级 (20~30 毫克/千克)	三级 (15~20 毫克/千克)	四级 (10~15 毫克/千克)	五级 (5.4~10 毫克/千克)	总计
安字营乡		11.09	838.77	3616.08	781.23	5247.17
晁陂镇		108.24	1092.14	1624.32	151.61	2976.31
二龙乡	3.72	7.19	35.05	556.58	614.99	1217.53
高丘镇		645.11	2183.14	3672.43	203.36	6704.04
郭庄回族乡	159.63	786.70	284.11			1230.44
侯集镇	76.13	1585.76	1156.95	1123.24	908.20	4850.28
贾宋镇	51.3	1661.98	1702.32	286.59		3702.19
老庄镇		115.84	1530.47	1880.91	465.64	3992.86
柳泉铺乡		0.13	854.66	1996.07	1373.40	4224.26
卢医镇	5.85	800.41	2557.23	441.12	4.84	3809.45
马庄乡		665.99	1524.63	442.75	206.87	2840.24
涅阳街道			5.83	17.59	14.12	37.54
彭营乡	1.96	167.56	565.79	3723.72	901.65	5360.68
曲屯镇	230.53	1328.69	1670.71	370.18	16.20	3616.31
石佛寺镇		143.54	981.29	3023.42	351.21	4499.46
王岗乡	6.24	50.95	895.49	1648.07	179.82	2780.57
雪枫街道			181.58	804.52	985.06	1971.16
杨营镇		415.68	1600.91	931.03	944.33	3891.95
玉都街道		11.51	392.89	1794.99	1157.19	3356.58
枣园镇		90.52	1484.16	2187.99	612.79	4375.46
张林乡	803.09	5101.75	333.33	132.40		6370.57
遮山镇	17.02	1160.97	1959.58	556.79	3.23	3697.59
总计	1355.47	14859.61	23831.03	30830.79	9875.74	80752.64

按照第二次土壤普查分级标准,有效磷含量在 5~10 毫克/千克,属于较低含量水平,这部分面积为 9875.74 公顷,占全县耕地面积的 12.1%,主要分布在柳泉铺、雪枫街道办事处、侯集、彭营、安字营、二龙、老庄等乡(镇);有效磷含量在 10~20 毫克/千克,属于中等含量水平,这部分面积为 54661.82 公顷,占全县耕地面积的 67.5%;各乡(镇)均有分布;有效磷含量在 20~40 克/千克,属于高含量水平,这部分面积为 16215.08 公顷,占全县耕地面积的 20.1%。主要分布在张林、侯集、贾宋、曲屯、遮山、郭庄、卢医等平原地区。以上数据说明镇平县有效磷含量整体处于中高水平。

(二)不同土壤类型有效磷含量

不同土壤类型由于受土壤母质、种植制度、作物施肥状况不同的影响,有效磷含量应有较大差异。其中,砂姜黑土有效磷含量最高,为 16.30 毫克/千克;其次为黄褐土,含量为 15.29 毫克/千克,红黏土有效磷含量最低,仅为 9.52 毫克/千克。不同土壤类型耕层有效磷含量见表 3-8。

表 3-8 不同土壤类型耕层有效磷含量

县土类名称	平均值 (毫克/千克)	最大值 (毫克/千克)	最小值 (毫克/千克)	标准差	变异系数
潮土	13.55	23.10	8.60	2.92	0.215
粗骨土	13.52	36.30	5.70	3.76	0.278
红黏土	9.52	17.80	5.40	3.84	0.403
黄褐土	15.29	40.00	5.50	4.45	0.291
黄棕壤	13.04	30.40	5.70	3.60	0.276
砂姜黑土	16.30	39.30	6.10	6.51	0.399
水稻土	11.42	16.70	5.50	3.60	0.315
紫色土	14.21	25.80	8.80	3.35	0.236

(三)不同土壤质地有效磷含量状况

土壤质地是影响耕层土壤磷素有效性的重要因素之一,耕层质地间的差异造成有效磷含量的差异,不同质地耕层土壤有效磷含量(见表 3-9)排列顺序分别为重壤土 > 中壤土 > 中黏土 > 紧砂土 > 重黏土 > 轻壤土 > 松砂土 > 沙壤土。土壤中的有效磷含量占全磷量的 10%,了解土壤磷素有效性的影响因素,有利于人为调节土壤理化性状,提高土壤有效磷含量。

表 3-9 不同土壤质地有效磷含量

质地	平均值(毫克/千克)	最大值(毫克/千克)	最小值(毫克/千克)	标准差
轻壤土	14.00	25.8	8.8	3.13
紧砂土	14.98	33	5.4	4.63
沙壤土	12.16	22.4	7.4	3.57
松砂土	12.89	36.3	5.7	3.075
中黏土	15.51	30.4	5.5	4.872
中壤土	15.45	40	5.7	5.11
重黏土	14.42	35.3	6.1	4.923
重壤土	15.60	39.3	5.5	4.970

(四)影响土壤有效磷含量的主要因素

1. 有机质

有机质含量高有利于磷素的转化和有效磷的储存。土壤有机质有利于微生物的繁殖和微生物活性的提高,增强磷素转化速度。同时有效性的磷素与有机物质结合,减弱了土壤磷素的矿化作用,有利于有效磷的储存积累。在农业生产中推广秸秆还田增施有机肥可提高土壤有效磷含量。

2. pH

在土壤中,难溶性磷酸盐与生物呼吸作用产生的二氧化碳、有机肥料分解时产生的有机酸作用,可逐渐转变成为弱酸溶性或水溶性磷酸盐,因此土壤中 pH 的高低与土壤磷素的有效性有密切关系。低 pH 环境下有利于土壤有效磷含量的提高,反之则降低。

3. 耕作深度和施肥

亚耕层土壤有效磷含量与耕作层深度有直接关系,加深耕作层可大大提高亚耕层土壤有效磷含量,有利于提高作物对磷素的吸收利用率。

在各种矿质肥料中,作物对磷肥的吸收利用率是比较低的。可溶性磷化合物施入土壤后,通过形态转化,大部分很快变成不溶性磷。它既不易为植物所吸收利用,又不易为雨水所淋洗而损失,所以在耕作土壤中,持续施用大量矿质磷肥和化学磷肥,就会使土壤耕作层中含磷量逐年提高。

三、速效钾

同磷素与氮素一样,钾素也是作物生长发育不可缺少的,对产量高低、品质优劣起重要作用。依据化验结果看,全县耕层土壤速效钾含量平均为 114.46 毫克/千克,变化范围为 40~384 毫克/千克,标准差 39.11,变异系数 34%。与 1984 年第二次土壤普查(含 165.13 毫克/千克)相比,减少了 50.67 毫克/千克。作物掠夺性生产,钾肥补充量不足,是导致速效钾含量降低的主要原因。

(一)耕地土壤耕层速效钾含量及分布

耕地土壤耕层速效钾含量及分布见表3-10、附图5。

表 3-10　耕地土壤耕层速效钾含量及分布　　(单位:公顷)

乡(镇、街道)	一级 (>150 毫克/千克)	二级 (120~150 毫克/千克)	三级 (100~120 毫克/千克)	四级 (80~100 毫克/千克)	五级 (53~80 毫克/千克)	总计
安字营乡	66.45	3450.54	931.6	798.58		5247.17
晁陂镇	61.82	1703.53	971.99	238.97		2976.31
二龙乡		117.58	251.27	572.25	276.43	1217.53
高丘镇		562.35	1097.27	3419.26	1625.16	6704.04
郭庄回族乡		443.68	621.29	165.47		1230.44
侯集镇		28.77	1314.77	3247.66	259.08	4850.28
贾宋镇	94.71	2185.73	1421.75			3702.19
老庄镇	1.34	237.71	2178.94	1569.27	5.6	3992.86
柳泉铺乡	0.20	2993.83	1140.21	90.02		4224.26

乡(镇、街道)	一级 (>150 毫克/千克)	二级 (120~150 毫克/千克)	三级 (100~120 毫克/千克)	四级 (80~100 毫克/千克)	五级 (53~80 毫克/千克)	总计
卢医镇		861.73	1614.97	1327.63	5.12	3809.45
马庄乡	52.17	1225.79	1475.32	86.96		2840.24
涅阳街道		0.96	36.58			37.54
彭营乡	14.17	2376.72	2535.66	434.13		5360.68
曲屯镇	205.34	2989.24	421.73			3616.31
石佛寺镇	2.20	328.41	3397.71	771.14		4499.46
王岗乡		540.34	1606.36	633.87		2780.57
雪枫街道	47.79	1388.74	534.63			1971.16
杨营镇		382.04	1771.1	1703.4	35.41	3891.95
玉都街道	5.77	582.36	2538.28	230.17		3356.58
枣园镇	4.58	1714	2651.63	5.25		4375.46
张林乡	27.37	4212.68	1985.14	145.38		6370.57
遮山镇		608.55	1900.21	1188.83		3697.59
总计	583.91	28935.28	32398.41	16628.24	2206.8	80752.64

按照第二次土壤普查分级标准,速效钾含量在50~100毫克/千克,属于较低含量水平,这部分面积为18835.04公顷,占全县耕地面积的23.3%,主要分布在高丘、雪枫、遮山、侯集、老庄、卢医、杨营等乡(镇);速效钾含量在100~150毫克/千克,属于中等含量水平,这部分面积为61333.69公顷,占全县耕地面积的75.9%;各乡(镇)均有分布;速效钾含量在150~200毫克/千克,属于高含量水平,这部分面积为583.91公顷,占全县耕地面积的0.7%。主要分布在贾宋、曲屯、安字营、晁陂、雪枫等平原地区。以上数据说明镇平县速效钾含量整体处于中低水平。要提高作物产量,采取补钾措施势在必行。

(二)不同土壤类型耕层土壤速效钾含量

全县不同土壤类型速效钾含量变化范围较大,含量最高的是砂姜黑土,其次是红黏土,最低的是紫色土,见表3-11。

表 3-11 不同土壤类型耕层土壤速效钾含量

土类	平均值(毫克/千克)	最大值(毫克/千克)	最小值(毫克/千克)	标准差
潮土	102.93	143.00	76.00	12.16
粗骨土	96.39	154.00	55.00	16.03
红黏土	113.60	134.00	88.00	10.52
黄褐土	110.41	174.00	70.00	15.30
黄棕壤	103.34	152.00	53.00	18.20
砂姜黑土	119.54	159.00	79.00	14.18
水稻土	102.50	112.00	92.00	5.60
紫色土	86.45	138.00	66.00	14.24

(三)不同土壤质地速效钾含量状况

土壤质地是影响耕层土壤钾素有效性的重要因素之一,耕层质地间的差异造成速效钾含量的差异,不同质地耕层土壤速效钾含量排列顺序分别为重黏土 > 重壤土 > 沙壤土 > 中壤土 > 紧砂土 > 中黏土 > 松砂土 > 轻壤土,见表3-12。

表3-12 不同土壤质地速效钾含量

质地	平均值(毫克/千克)	最大值(毫克/千克)	最小值(毫克/千克)	标准差
轻壤土	84.54	126	69	10.40
紧砂土	101.11	140	69	13.38
沙壤土	110.69	154	76	12.57
松砂土	92.13	143	55	16.005
中黏土	95.26	138	66	15.185
中壤土	104.23	162	53	15.96
重黏土	116.79	174	75	13.999
重壤土	115.76	156	70	14.537

四、土壤缓效钾

土壤缓效钾不能被植物迅速吸收,但与速效钾构成动态平衡关系,对保钾、供钾起调节作用,因此缓效钾是速效钾的贮备库。含量高低反映出土壤对植物的潜在供钾能力。此次耕层土壤养分化验结果统计,镇平县土壤缓效钾含量变幅为108～2315毫克/千克,平均为670毫克/千克。由此看出,镇平县土壤缓效钾含量比较丰富。

综上所述,镇平县土壤养分含量的基本特点是:有机质处于较低水平,全氮及速效钾处于中低水平,有效磷处于中高水平,因而在农业生产上应注意增施有机肥,补充氮、钾肥,调节氮磷钾比例,促进作物增产。

第三节 微量元素

微量元素是指在土壤和植物体中含量都很少,但对作物正常生长发育却是不可缺少的营养元素。如果缺少某种微量元素,和缺少大量元素一样,不仅影响作物正常发育,出现缺素症,而且导致减产和品质下降,作物所必需的微量元素有锰、硼、锌、铜、钼、铁等,也在一定程度上制约着土壤肥力,因此土壤微量元素的分析测定为合理施肥培肥地力提供了科学依据。2008～2009年共化验铁、铜、锰、锌、硼、硫中微量元素六项,化验骨干土样1113个,填补了镇平县土壤化验的一项空白。

一、土壤有效锌

锌是作物生长发育所需微量元素之一,在植物体内含量一般为25～150毫克/千克(干重),尤其在水稻、玉米、大豆、番茄等作物体内含量较高。锌在作物体内的营养作用主要表现为酶的组成或活化剂,参与光合作用、呼吸作用、生长素合成、繁殖器官发育等。缺锌时,光合作用减弱,叶片失绿,节间短,植株矮小,生长受限制,产量降低。因此,锌是重要的微量元素之一。据此次土壤化验结果统计:全县土壤有效锌变幅为 0.05~4.65 毫克/千克,平均为 0.95 毫克/千克。

(一)耕地土壤耕层有效锌含量及分布

耕地土壤耕层有效锌含量及分布见表 3-13、图 3-1。

表 3-13　耕地土壤耕层有效锌含量及分布

有效锌分级	含量范围(毫克/千克)	面积(公顷)	所占比例(%)
1 级	>2	34.12	0.04
2 级	1.5~2	3232.39	4.0
3 级	1~1.5	26475.73	32.8
4 级	0.5~1	48880.67	60.5
5 级	<0.5	2129.83	2.6
平均值/合计		80752.64	

图 3-1　镇平县耕层土壤有效锌含量分布图

按全国土壤养分含量分级标准:土壤有效锌含量 2～4 毫克/千克(高),面积占全县耕地面积的 0.04%;1～2 毫克/千克(中),面积占全县耕地面积的 36.8%;0.5～1 毫克/千克(低),面积占全县耕地面积的 60.5%;小于 0.5 毫克/千克(很低),面积占全县耕地面积的 2.6%。也就是说,全县耕地大部分为缺锌土壤,在局部地区极度缺乏。因此,在生产中各类作物应注意补施锌肥。尤其是玉米和小麦应更注重增施锌肥。

(二)不同土壤类型耕层土壤有效锌含量

不同土壤类型耕层土壤有效锌含量见表 3-14。

表 3-14　不同土壤类型耕层土壤有效锌含量

土壤类型	平均值(毫克/千克)	最大值(毫克/千克)	最小值(毫克/千克)	标准差
潮土	1.24	1.92	0.80	0.26
粗骨土	1.05	1.65	0.52	0.24
红黏土	1.06	1.50	0.44	0.19
黄褐土	1.39	3.30	0.73	0.270
黄棕壤	1.09	1.58	0.68	0.233
砂姜黑土	1.06	2.33	0.36	0.30
水稻土	0.89	2.05	0.30	0.222
紫色土	0.91	1.78	0.32	0.248

在这八种土类里黄褐土含量最高,黄棕壤其次,水稻土最低。

二、土壤有效铜

铜也是作物生长发育的微量元素之一。铜在作物体内含量为 2～25 毫克/千克(干重)。一般豆科作物高于禾木科作物。在作物体内铜多集中于根部,特别是根尖。铜在作物体内的营养表现为:某些蛋白质和酶的组成成分,参与木质素的合成,生殖生长及氮代谢等。缺铜时,一般表现为幼叶褪绿、坏死、畸形及叶尖枯死。因此,铜也是重要的微量元素之一。

耕地土壤耕层有效铜含量及分布见表 3-15。

表 3-15　耕地土壤耕层有效铜含量及分布

有效铜分级	含量范围(毫克/千克)	面积(公顷)	所占比例(%)
1 级	>2	8766.61	10.9
2 级	1.8～2	7984.84	9.9
3 级	1.5～1.8	24113.33	29.9
4 级	1.3～1.5	28017.81	34.7
5 级	<1.3	11870.05	14.7

据此次土壤化验结果统计:全县土壤有效铜变幅在 1.25～2.36 毫克/千克,平均为 1.59 毫克/千克。按全国土壤养分含量分级标准:土壤有效铜含量大于 2 毫克/千克(很

高),面积占全县耕地面积的10.9%;含量为1~2毫克/千克(高),面积占全县耕地面积的89.1%;含量在1毫克/千克(中)以下,在本次抽样中没有检测到。也就是说,全县耕地不缺铜元素营养,不需考虑铜肥问题。

三、土壤有效铁

铁是作物生长发育所需微量元素之一,铁在植物体内含量在60~300毫克/千克(干重)。尤其在菠菜、黄色绿叶甘蓝等植物中含量较高。铁在作物体内的营养作用主要表现为叶绿素的合成、氧化还原反应、细胞的呼吸作用等。缺铁时,典型症状为幼叶失绿,而下部老叶仍保持绿色。严重时下部叶片失绿变白。因此,铁是重要的微量元素之一。根据此次土壤化验结果统计:全县土壤有效铁变幅在1.1~104.5毫克/千克,平均为24.23毫克/千克。耕地土壤耕层有效铁含量及分布见表3-16。

表3-16　耕地土壤耕层有效铁含量及分布

有效铁分级	含量范围(毫克/千克)	面积(公顷)	所占比例(%)
1级	>40	3594.48	4.5
2级	20~40	45100.84	55.9
3级	10~20	24232.56	30.0
4级	4.5~10	7370.47	9.1
5级	<4.5	454.29	0.6

按全国土壤养分含量分级标准:土壤有效铁含量大于20毫克/千克(很高),面积占全县耕地面积的60.4%;含量为10~20毫克/千克(高),面积占全县耕地面积的30.0%;也就是说,全县90%以上耕地土壤本身的有效铁含量丰富,均能满足作物生长发育,目前增施不需考虑铁肥问题。

四、土壤有效锰

锰也是作物生长发育所需微量元素之一。锰在作物体内含量一般在20~100毫克/千克,尤其是在麦类作物中含量较高。锰在作物体内的营养作用为:参与光合作用,是酶的组成和激活剂,促进种子萌发和幼苗生长。缺锰时,新叶失绿并出现杂色斑,而叶脉仍保持绿色。严重时叶片螺旋状扭曲。因此,锰也是作物重要的微量元素之一。据此次土壤化验结果统计,全县土壤有效锰变幅在4.5~89.1毫克/千克,平均为39.46毫克/千克。耕地土壤耕层有效锰含量及分布见表3-17。

表3-17　耕地土壤耕层有效锰含量及分布

有效锰分级	含量范围(毫克/千克)	面积(公顷)	所占比例(%)
1级	>30	65207.63	80.7
2级	20~30	12480.48	15.5
3级	15~20	1197.51	1.5
4级	10~15	1840.75	2.3
5级	<10	26.27	0.03

按全国土壤养分含量分级标准:土壤有效锰含量20~30毫克/千克(高),面积占全县

耕地面积的 96.2%；含量 10 ~ 20 毫克/千克（中），面积占全县耕地面积的 3.8%。也就是说，全县耕地锰元素营养处于高水平，不需要施用含锰肥料。

五、土壤水溶态硼（有效硼）

硼是作物生长发育所需的微量元素之一，在植物体内含量一般在 2 ~ 100 毫克/千克。在双子叶植物体内含量高于单子叶植物，尤其是在油菜、烟草、甜菜、莴苣植物体内含量（25 ~ 75 毫克/千克）较高。硼在作物体内的营养作用主要表现为：参与碳水化合物的运输和代谢，细胞壁的合成，细胞的伸长和分裂，生殖器官的建成和发育等。缺硼时，生长点受到抑制，腋芽萌发，侧枝丛生，形成多头大簇。根系发育不良。油菜"花而不实"、棉花"蕾而不花"、花生"有果无仁"。因此，硼在双子叶作物体内是重要的微量元素之一。据此次土壤化验结果统计：全县土壤水溶态硼变幅在 0.01 ~ 0.93 毫克/千克，平均为 0.38 毫克/千克。土壤有效硼含量分布见附图 6。

（一）耕地土壤耕层水溶态硼含量及分布

耕地土壤耕层水溶态硼含量及分布见表 3-18。

表 3-18　耕地土壤耕层水溶态硼含量及分布

水溶态硼分级	含量范围（毫克/千克）	面积（公顷）	所占比例（%）
1 级	>0.5	1739.58	2.2
2 级	0.4 ~ 0.5	7477.86	9.3
3 级	0.3 ~ 0.4	21017.04	26.0
4 级	0.25 ~ 0.3	19084.65	23.6
5 级	<0.25	31433.51	38.9

按照全国土壤养分含量分级标准：土壤水溶态硼含量大于 2 毫克/千克（很高）。含量为 1 ~ 2 毫克/千克（高）在本次抽样化验中没有检测到；含量为 0.5 ~ 1 毫克/千克（中），面积占全县耕地面积的 2.2%；含量为 0.25 ~ 0.5 毫克/千克（低），面积占全县耕地面积的 58.9%；含量低于 0.25 毫克/千克（很低），面积占全县耕地面积的 38.9%。这说明，全县大部分耕地属于缺硼土壤，局部地区严重缺乏。在种植双子叶作物，尤其是种植棉花、油菜、大豆、花生等作物时，要注意补施硼肥。

（二）不同土壤类型耕层土壤水溶态硼含量

耕地土壤类型耕层土壤水溶态硼含量见表 3-19。

表 3-19　耕地土壤类型耕层土壤水溶态硼含量

土壤类型	平均值（毫克/千克）	最大值（毫克/千克）	最小值（毫克/千克）	标准差
潮土	0.32	0.38	0.20	0.050
粗骨土	0.25	0.50	0.12	0.080
红黏土	0.23	0.40	0.12	0.060
黄褐土	0.30	0.46	0.14	0.049
黄棕壤	0.25	0.39	0.15	0.063
砂姜黑土	0.28	0.71	0.09	0.070
水稻土	0.26	0.56	0.10	0.093
紫色土	0.27	0.67	0.08	0.092

从表 3-19 中可以看出,水溶态硼在潮土中含量高,其次是黄褐土,最低是红黏土。基本上所有土类都缺硼。

第四节　中量元素

本次项目中,只定测了中量元素的硫。硫是作物生长发育所需的中量元素之一,在植物体内一般占干物质的 0.1% ~ 0.5% ,尤其在十字花科植物体内含量较高。硫在作物体内的营养作用主要表现在它是氨基酸、蛋白质、辅酶 A、维生素等的重要成分。硫缺乏时植物症状一般表现在新叶和生长点上,叶脉先失绿,逐步遍及全叶,植株矮小,茎生长细弱,分枝少,开花结实延迟。因此,硫是作物体内重要的中量元素之一。据此次土壤化验结果统计,全县土壤有效硫变幅在 7.4 ~ 105.1 毫克/千克,平均为 21.07 毫克/千克,

一、耕地土壤耕层有效硫含量及分布

耕地土壤耕层有效硫含量及分布见表 3-20、图 3-2。

表 3-20　耕地土壤耕层有效硫含量及分布

有效硫分级	含量范围(毫克/千克)	面积(公顷)	所占比例(%)
1 级	>45	0.73	0.001
2 级	30 ~ 45	2562.86	3.174
3 级	20 ~ 30	43250.9	53.560
4 级	15 ~ 20	34304.88	42.481
5 级	<15	633.27	0.784

按照全国土壤养分含量分级标准:土壤有效硫含量大于 45 毫克/千克(偏高),面积占全县耕地面积的 0.001%;含量为 30 ~ 45 毫克/千克(丰富),面积占耕地面积的 3.2%;含量为 15 ~ 30 毫克/千克(中等),面积占全县耕地面积 96.1%;含量为 10 ~ 15 毫克/千克(缺乏),面积占全县耕地面积 0.8%。因此,镇平县土壤整体硫含量属中等偏下。要进一步提高作物的产量,必须增施硫肥。

二、不同土壤类型耕层土壤有效硫含量

不同土壤类型耕层土壤有效硫含量见表 3-21。

表 3-21　不同土壤类型耕层土壤有效硫含量

土壤类型	平均值(毫克/千克)	最大值(毫克/千克)	最小值(毫克/千克)	标准差
潮土	20.90	27.50	14.70	2.68
粗骨土	20.31	37.30	13.90	2.76
红黏土	18.88	21.40	15.80	1.52
黄褐土	21.50	46.10	13.10	3.91
黄棕壤	20.41	37.60	13.40	2.48
砂姜黑土	20.11	29.00	13.80	3.06
水稻土	18.08	19.30	16.50	0.68
紫色土	22.21	36.60	13.70	4.63

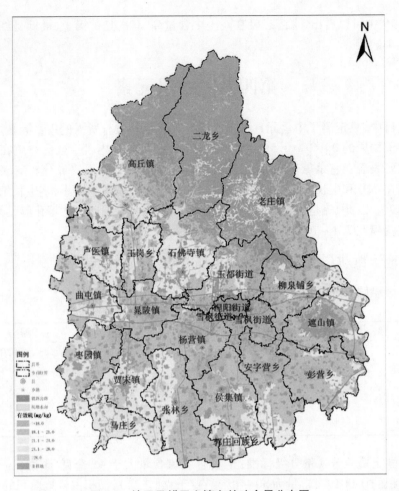

图 3-2　镇平县耕层土壤有效硫含量分布图

　　有效硫在不同土壤类型中的含量以黄褐土中最高,其次是潮土,最低是水稻土。但总体差异不大,变化范围小。均属于中等含量。

第五节　土壤酸碱度

　　土壤酸碱度是指土壤溶液的反应,是土壤重要的化学性质之一,它不仅影响着农作物的生长发育和微生物的活动,而且影响着土壤中物质转化、移动,营养元素的有无以及土壤的其他理化性质。土壤酸碱度的大小主要取决于土壤中氢离子和氢氧根离子的相对浓度的大小,通常用 pH 表示,pH 为 6.5 ~ 7.5 的为中性,pH 为 5.5 ~ 6.5 的为酸性,pH < 5.5 的为酸性,pH 越小则酸性越强;pH 为 7.5 ~ 8.5 的为微碱性,pH 越大,则碱性越强。

　　各种作物及植物都有一个适宜生长的土壤酸碱度范围,一般高等植物及农作物对土壤酸碱度的适应范围较广,但有一些植物对酸碱性有一定的偏好,它们只在一个较窄的酸碱度范围内生长。例如:茶树喜欢偏酸性土壤,而棉花有较强的耐碱性,小麦、玉米、水稻则要求中性至微酸性,如果土壤酸碱度超出了作物所能适应的范围,作物的生长发育就会受到一定影响甚至死亡,如玉米、马铃薯等不宜在碱性土壤上种植,而豆类若在酸性土壤上则生长不良。

从全县土壤酸碱度情况(见附图7)来看,pH 一般为 6.0~8.3,平均为 6.9,属中性土壤。其中,pH <6.5的面积占总面积的 14.7% ,pH 为 6.5~7.5 的中性土壤占总土壤面积的 70.6% ,pH >7.5 的微碱性土壤占总土壤面积的 14.7% 。

总的来看,全县土壤的 pH 较适宜多种农作物生长和微生物的活动,有利于土壤中物质的转化,有利于有效性的发挥,适宜施用多种化肥。

第四章 耕地地力评价方法与程序

第一节 耕地地力评价基本原理与原则

一、基本原理

根据农业部《测土配方施肥技术规范》和《耕地地力评价指南》确定的评价方法,耕地地力是指耕地自然属性要素(包括一些人类生产活动形成和受人类生产活动影响大的因素,如灌溉保证率、排涝能力、轮作制度、梯田化类型与年限等)相互作用所表现出来的潜在生产能力。本次耕地地力评价是以全县域范围为对象展开的,因此选择的是以土壤要素为主的潜力评价,采用耕地自然要素评价指数反映耕地潜在生产能力的高低。其关系式为

$$IFI = b_1 x_1 + b_2 x_2 + \cdots + b_n x_n$$

式中:IFI 为耕地地力指数;b_i 为耕地自然属性分值,选取的参评因素;x_i 为该属性对耕地地力的贡献率(也即权重,用层次分析法求得)。

用评价单元数与耕地地力综合指数制作累积频率曲线图,根据单元综合指数的分布频率,采用耕地地力指数累积曲线法划分耕地地力等级,在频率曲线图的突变处划分级别(见图4-1)。根据 IFI 的大小,可以了解耕地地力的高低;根据 IFI 的组成,通过分析可以揭示出影响耕地地力的障碍因素及其影响程度。

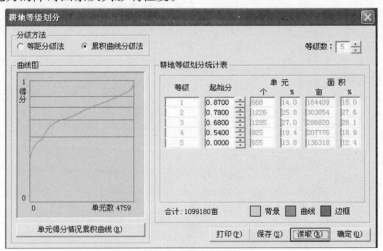

图4-1 耕地地力等级划分示意图

二、耕地地力评价基本原则

本次耕地地力评价所采用的耕地地力概念是指耕地的基础地力,也即由耕地土壤所处的地形地貌条件、成土母质特征、农田基础设施及培肥水平、土壤理化性状等综合构成的耕

· 64 ·

地生产力。此类评价揭示的是处于特定范围内(一个完整的县域)、特定气候(一般来说,一个县域内的气候特征是基本相似的)条件下,各类立地条件、剖面性状、土壤理化性状、障碍因素与土壤管理等因素组合下的耕地综合特征和生物生产力的高低,也即潜在生产力。通过深入分析,找出影响耕地地力的主导因素,为耕地改良和管理利用提供依据。基于此,耕地地力评价所遵循的基本原则如下。

(一)综合因素与主导因素相结合的原则

耕地是一个自然经济综合体,耕地地力也是各类要素的综合体现。本次耕地地力评价所采用的耕地地力概念是指耕地的基础地力,也即由耕地土壤所处的地形地貌条件、成土母质特征、农田基础设施及培肥水平、土壤理化性状等综合构成的耕地生产力。所谓综合因素研究,是指对前述耕地立地条件、剖面性状、耕层理化性质、障碍因素和土壤管理水平五个方面的因素进行全面的研究、分析与评价,以全面了解耕地地力状况。所谓主导因素,是指在特定的县域范围内对耕地地力起决定作用的因素,在评价中要着重对其进行研究分析。因此,把综合因素与主导因素结合起来进行评价,既着眼于全县域范围内的所有耕地类型,也关注对耕地地力影响大的关键指标。以期达到评价结果反映出县域内耕地地力的全貌,也能分析特殊耕地地力等级和特定区域内耕地地力的主导因素,可为全县域耕地资源的利用提供决策依据,又可为低等级耕地的改良提供主攻方向。

(二)稳定性原则

评价结果在一定的时期内应具有一定的稳定性,能为一定时期内的耕地资源配置和改良提供依据。因此,在指标的选取上必须考虑评价指标的稳定性。

(三)一致性与共性原则

考虑区域内耕地地力评价结果的可比性,不针对某一特定的利用类型,对于县域内全部耕地利用类型,选用统一的评价指标体系。

同时,鉴于耕地地力评价是对全年的生物生产潜力进行评价,因此评价指标的选择是需考虑全年的各季作物的;同时,对某些因素的影响要进行整体和全局的考虑,如灌溉保证率和排涝能力,必须考虑其发挥作用的频率。

(四)定量和定性相结合的原则

影响耕地地力的土壤自然属性和人为因素(如灌溉保证率、排涝能力等)中,既有数值型的指标,也有概念型的指标。两类指标都根据其对全县域内的耕地地力影响程度决定取舍,对数据进行标准化时采用相应的方法。其原因是可以全面分析耕地地力的主导因素,为合理利用耕地资源提供决策依据。

(五)潜在生产力与现实生产力相结合的原则

耕地地力评价是通过多因素分析方法,对耕地潜在生产能力的评价,区别于现实的生产力。但是,同一等级耕地内的较高现实生产能力作为选择指标和衡量评价结果否准确的参考依据。

(六)采用 GIS 支持的自动化评价方法原则

自动化、定量化的评价技术方法是评价发展的方向。近年来,随着计算机技术,特别是GIS 技术在资源评价中的不断应用和发展,基于 GIS 的自动化评价方法已不断成熟,使土地评价的精度和效率大大提高。本次的耕地地力评价工作通过数据库建立、评价模型构建及其与 GIS 空间叠加等分析模型的结合,实现了全数字化、自动化的评价流程。

第二节　耕地地力评价技术流程

一、建立县域耕地资源基础数据库

结合测土配方施肥项目开展县域耕地地力评价的主要技术流程有五个环节。利用3S技术,收集整理所有相关历史数据和测土配方施肥数据(从农业部统一开发的"测土配方施肥数据管理系统"中获取),采用与数据类型相适应的且符合"县域耕地资源管理信息系统"及数据字典要求的技术手段和方法,建立以县为单位的耕地资源基础数据库,包括属性数据库和空间数据库两类。

二、建立耕地地力评价指标体系

所谓耕地地力评价指标体系,包括三部分内容:一是评价指标,即从国家耕地地力评价选取的评价指标;二是评价指标的权重和组合权重;三是单指标的隶属度,即每一指标不同表现状态下的分值。单指标权重的确定采用层次分析法,概念型指标采用特尔斐法和模糊评价法建立隶属函数,数值型的指标采用特尔斐法和非线性回归法,建立隶属函数。

三、确定评价单元

所谓耕地地力评价单元,就是指潜在生产能力近似且边界封闭具有一定空间范围的耕地。根据耕地地力评价技术规范的要求,此次耕地地力评价单元采用县级土壤图(到土种级)和土地利用现状图叠加,进行综合取舍和技术处理后形成不同的单元。

用土壤图(土种)和土地利用现状图(含有行政界限)叠加产生的图斑作为耕地地力评价的基本单元,使评价单元空间界线及行政隶属关系明确,单元的位置容易实地确定,同时同一单元的地貌类型及土壤类型一致,利用方式及耕作方法基本相同。可以使评价结果应用于农业布局等农业决策,还可用于指导生产实践,也为测土配方施肥技术的深入普及奠定良好基础。

四、建立县域耕地资源管理信息系统

将第一步建立的各类属性数据和空间数据按照农业部统一提供的"县域耕地资源管理信息系统3.0版"的要求,导入该系统内,并建立空间数据库和属性数据库链接,建成镇平县县域耕地资源信息管理系统。依据第二步建立的指标体系,在"县域耕地资源管理信息系统3.0版"内,分别建立层次分析权属模型和单因素隶属函数建成的县域耕地资源管理信息系统作为耕地地力评价的软件平台。

五、评价指标数据标准化与评价单元赋值

根据空间位置关系将单因素图中的评价指标提取并赋值给评价单元。

六、综合评价

采用隶属函数法对所有评价指标数据进行隶属度计算,利用权重加权求和,计算出每一单元的耕地地力指数,采用耕地地力指数累积曲线法划分耕地地力等级,并纳入到国家耕地地力等级体系中。

七、撰写耕地地力评价报告

在行政区域和耕地地力等级两类中,分析耕地地力等级与评价指标的关系,找出影响耕地地力等级的主导因素和提高耕地地力的主攻方向,进而提出耕地资源利用的措施和建议。

耕地地力评价技术路线见图 4-2。

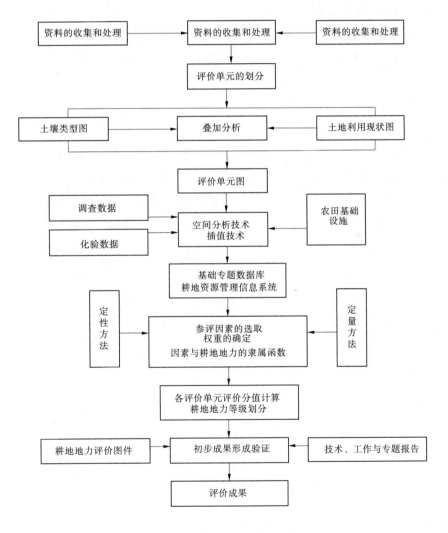

图 4-2　耕地地力评价技术路线

第三节　资料收集与整理

一、耕地土壤属性资料

采用全国第二次土壤普查时的土壤分类系统,但根据河南省土壤肥料站的统一要求,与全省土壤分类系统进行了对接。本次评价采用全省统一的土种名称。各土种的发生学性状与剖面特征、立地条件、耕层理化性状(不含养分指标)、障碍因素等性状均采用土壤普查时所获得的资料。对一些已发生了变化的指标,采用测土配方施肥项目野外采样的调查资料进行补充修订,如耕层厚度、田面坡度等。基本资料来源于土壤图和土壤普查报告。

二、耕地土壤养分含量

评价所用的耕地耕层土壤养分含量数据均来源于测土配方施肥项目的分析化验数据。分析方法和质量控制依据《测土配方施肥技术规范》进行。分析化验项目与方法见表4-1。

表 4-1　分析化验项目与方法

序号	项目	方法
1	土壤 pH	电位法测定
2	土壤有机质	油浴加热重铬酸钾氧化容量法测定
3	土壤全氮	凯氏蒸馏法测定
4	土壤有效磷	碳酸氢钠浸提—钼锑抗比色法测定
5	土壤缓效钾	硝酸提取—火焰光度计
6	土壤速效钾	乙酸铵浸提—火焰光度计
7	土壤有效硫	磷酸盐－乙酸或氯化钙浸提—硫酸钡比浊法测定
8	土壤有效硼	甲亚胺—H 比色法
9	土壤有效铜、锌、铁、锰	DTPA 浸提—原子吸收分光光度计法或 ICP 法测定

三、农田水利设施

灌溉等级分区图(镇平县水利局提供)。
排涝等级分区图(镇平县水利局提供)。

四、社会经济统计资料

以行政区划为基本单位的人口、土地面积、作物面积和单产,以及各类投入产出等社会经济指标数据;以县域行政区为最新行政区划。统计资料期限为 2004～2007 年(镇平统计年鉴)。

五、基础及专题图件资料

(1)镇平县综合农业区划(农业区划办公室编制,1983 年 9 月),该资料由农业局提供。

（2）镇平县农业综合开发（农业综合开发办公室，2008 年 3 月），该资料由县农业综合开发办公室提供。

（3）镇平县土地资源（县国土资源管理局，1991 年 11 月），该资料由县国土资源管理局提供。

（4）镇平县水利志（1986～2000 年）（河南省镇平县水利志编纂委员会编制，2004 年 9 月），镇平县 2005 年、2006 年、2007 年水利年鉴，该资料由县水利局提供。

（5）《镇平土壤》（南阳地区土壤普查办公室编制，1986 年 10 月），该资料由县农业技术推广中心提供。

（6）镇平县 2006 年、2007 年、2008 统计年鉴（县统计局），该资料由县统计局提供。

（7）镇平县 2006 年、2007 年、2008 年气象资料（县气象局），该资料由镇平县气象局提供。

（8）镇平县 2007～2009 年测土配方施肥项目技术总结专题报告，该资料由县农业技术推广中心提供

（9）行政区划图（镇平县民政局绘制，2006 年 8 月）。

（10）土地利用现状图（县土地局绘制，1991 年 7 月）。

六、野外调查资料

本次耕地地力评价工作由镇平县农业技术推广中心组织精干力量，分 5 个外业小组，每组 4 人，出动 5 台车，分赴全县 5 个片区，负责野外采样、调查工作，填写外业调查表及收集相关信息资料。

七、其他相关资料

（1）镇平县志（地方史志编纂委员会编制，1990 年 12 月），该资料由镇平县地方史志编纂委员会提供。

（2）镇平县林业生态建设（镇平县林业局，2008 年 6 月），该资料由县林业局提供

（3）行政代码表（镇平县技术监督局）

（4）种植制度分区图（镇平县农业局）。

第四节　图件数字化与建库

耕地地力评价是基于大量的与耕地地力有关的耕地土壤自然属性和耕地空间位置信息，如立地条件、剖面性状、耕层理化性状、土壤障碍因素；以及耕地土壤管理方面的信息。调查资料可分为空间数据和属性数据，空间数据主要指项目县的各种基础图件，以及调查样点的 GPS 定位数据；属性数据主要指与评价有关的属性表格和文本资料。为了采用信息化的手段进行评价和评价结果管理，首先需要开展数字化工作。根据《测土配方施肥技术规范》、县域耕地资源管理信息系统 3.0 版的要求，根据对土壤、土地利用现状等图件进行数字化，并建立空间数据库。

一、图件数字化

空间数据的数字化工作比较复杂,目前常用的数字化方法包括三种:一是采用数字化仪数字化,二是光栅矢量化,三是数据转换。本次评价中采用了后两种方法。

光栅矢量化法是以已有的地图或遥感影像为基础,利用扫描仪将其转换为光栅图,在GIS软件的支持下对光栅图进行配准,然后以配准后的光栅图为参考进行屏幕光栅矢量化,最终得到矢量化地图。光栅矢量化法的步骤见图4-3。

图4-3　光栅矢量化法的步骤

数据转换法是将已有的数字化数据软件转换工具,转换为本次工作要求的 ＊. shp 格式。采用该方法是针对目前国土资源管理部门的土地利用图都已数字化建库,河南省大多数县都是 MapGIS 的数据格式,利用 MapGIS 的文件转换功能很容易将 ＊. wp/ ＊. wl/ ＊. wt 的数据转换为 ＊. shp 格式。此外,ArcGIS 和 MapInfo 等 GIS 系统也都提供有通用数据格式转换等功能。

属性数据的输入是通过数据库或电子表格来完成的。与空间数据相关的属性数据需要建立与空间数据对应的连接关键字,通过数据连接的方法,连接到空间数据中,最终得到满足评价要求的空间－属性一体化数据库。技术方法见图4-4。

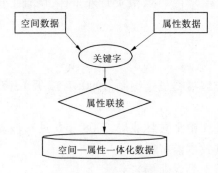

图4-4　属性连接方法

二、图形坐标变换

在地图录入完毕后,经常需要进行投影变换,得到统一空间参照系下的地图。本次工作中收集到的土地利用现状图采用的是高斯3°带投影,需要变换为高斯6°带投影。进行投影变换有两种方式:一种是利用多项式拟合,类似于图像几何纠正;另一种是直接应用投影变换公式进行变换。基本原理为

$$\left.\begin{array}{l} X' = f(x,y) \\ Y' = g(x,y) \end{array}\right\}$$

式中:X',Y'为目标坐标系下的坐标;x,y为当前坐标系下的坐标。

本次评价中的数据,采用统一空间定位框架,参数如下:

投影方式:高斯－克吕格投影,6°带分带,对于跨带的县进行跨带处理。

坐标系及椭球参数:北京 54/克拉索夫斯基。

高程系统:1956 年黄海高程基准。

野外调查 GPS 定位数据:初始数据采用经纬度并在调查表格中记载;装入 GIS 系统与图件匹配时,再投影转换为上述直角坐标系坐标。

三、数据质量控制

根据《耕地地力评价指南》的要求,对空间数据和属性数据进行质量控制。属性数据按照指南的要求,规范各数据项的命名、格式、类型、约束等。

空间数据达到最小图上面积 0.04 平方厘米的要求,并规范图幅内外的图面要素。扫描影像数据水平线角度误差不超过 0.2°,校正控制点不少于 20 个,校正绝对误差不超过 0.2 毫米,矢量化的线划偏离光栅中心不超 0.2 毫米。耕地和园地面积以国土部门的土地详查面积为控制面积。

第五节 土壤养分空间插值与分区统计

本次评价工作需要制作养分图和养分等值线图,这需要采用空间插值法将采样点的分析化验数据进行插值,生成全域的各类养分图和养分等值线图。

一、空间插值法简介

研究土壤性质的空间变异时,观察点和取样点总是有限的,因而对未测点的估计是完全必要的。大量研究表明,地统计学方法中半方差图和克里格插值法(Kriging)适合土壤特性空间预测,并得到了广泛应用。

克里格插值法(Kriging)也称空间局部估计或空间局部插值,它是建立在半变异函数理论及结构分析基础上,在有限区域内对区域化变量的取值进行无偏最优估计的一种方法。克里格法实质上利用区域化变量的原始数据和半变异函数的结构特点,对未采样点的区域化变量的取值进行线性无偏最优估计量的一种方法。更具体地讲,它是根据待估样点有限领域内若干已测定的样点数据,在认真考虑了样点的形状、大小和空间相互位置关系,它们与待估样点间相互空间位置关系,以及半变异函数提供的结构信息之后,对该待估样点值进行的一种线性无偏最优估计。研究方法的核心是半方差函数,公式为

$$\bar{\gamma}(h) = \frac{1}{2N(h)} \sum_{\alpha=1}^{N(h)} \left[Z(u_\alpha) - Z(u_a + h) \right]^2$$

式中:h 为样本间距,又称位差(Lag);$N(h)$ 为间距为 h 的"样本对"数。

设位于 x_0 处的速效养分估计值为 $\hat{Z}(x_0)$,它是周围若干样点实测值 $Z(x_i)$,$(i=1,2,\cdots,n)$ 的线性组合,即

$$\hat{Z}(x_0) = \sum_{i=1}^{n} \lambda_i Z(x_i)$$

式中:$\hat{Z}(x_0)$ 为 x_0 处的养分估计值;λ_i 为第 i 个样点的权重;$Z(x_i)$ 为第 i 个样点值。

要确定 λ_i 有两个约束条件:

$$\begin{cases} \min\left(Z(x_0) - \sum_{i=1}^{n} \lambda_i Z(x_i)\right)^2 \\ \sum_{i=1}^{n} \lambda_i = 1 \end{cases}$$

满足以上两个条件可得如下方程组：

$$\begin{bmatrix} \gamma_{11} & \gamma_{12} & \gamma_{1n} & 1 \\ \gamma_{21} & \gamma_{22} & \gamma_{2n} & 1 \\ \vdots & & \vdots & \vdots \\ \gamma_{n1} & \cdots & \gamma_{nn} & 1 \\ 1 & \cdots & 1 & 0 \end{bmatrix} \begin{bmatrix} \lambda_1 \\ \vdots \\ \lambda_2 \\ \lambda_n \\ m \end{bmatrix} = \begin{bmatrix} \gamma_{01} \\ \lambda_{02} \\ \vdots \\ \gamma_{0n} \\ 1 \end{bmatrix}$$

式中：γ_{ij} 为表示 x_i 和 x_j 之间的半方差函数值；m 为拉格朗日值。

解上述方程组即可得到所有的权重 λ_i 和拉格朗日值 m。利用计算所得到的权重即可求得估计值 $\hat{Z}(x_0)$。

克里格插值法要求数据服从正态分布，非正态分布会使变异函数产生比例效应，比例效应的存在会使试验变异函数产生畸变，抬高基台值和块金值，增大估计误差，变异函数点的波动太大，甚至会掩盖其固有的结构，因此应该消除比例效应。此外，克里格插值结果的精度还依赖于采样点的空间相关程度，当空间相关性很弱时，意味着这种方法不适用。因此，当样点数据不服从正态分布或样点数据的空间相关性很弱时，我们采用反距离插值法。

反距离法是假设待估未知值点受较近已知点的影响比较远已知点的影响更大，其通用方程是：

$$Z_0 = \frac{\sum_{i=1}^{s} Z_i \frac{1}{d_i^k}}{\sum_{i=1}^{s} \frac{1}{d_i^k}}$$

式中：Z_0 为待估点 O 的估计值；Z_i 为已知点 i 的值；d_i 为已知点 i 与点 O 间的距离；s 为在估算中用到的控制点数目；k 为指定的幂。

该通用方程的含义是已知点对未知点的影响程度，用点之间距离乘方的倒数表示，当乘方为 1（$k = 1$）时，意味着点之间数值变化率恒定，该方法称为线性插值法，乘方为 2 或更高则意味着越靠近的已知点，该数值的变化率越大，远离已知点则趋于稳定。

在本次耕地地力评价中，还用到了"以点代面"的估值方法，对于外业调查数据的应用不可避免地要采用"以点代面"法。在耕地资源管理图层提取属性过程中，计算落入评价单元内采样点某养分的平均值，没有采样点的单元，直接取邻近的单元值。

GIS 分析方法中的泰森多边形法是一种常用的"以点代面"的估值方法。该方法是按狄洛尼（Delaunay）三角网的构造法，将各监测点 P_i 分别与周围多个监测点相连得到三角网，然后分别作三角网边线的垂直平分线，这些垂直平分线相交则形成以监测点 P 为中心的泰森多边形。每个泰森多边形内监测点数据即为该泰森多边形区域的估计值，泰森多边形内每处的值相同，等于该泰森多边形区域的估计值。

二、空间插值

本次空间插值采用 ArcGIS9.2 中的 GeostatisticalAnalyst 功能模块完成。

测土配方施肥项目测试分析了全氮、速效磷、缓效钾、速效钾、有机质、pH、铜、铁、锰、锌等项目。这些分析数据根据外业调查数据的经纬度坐标生成样点图,然后将以经纬度坐标表示的地理坐标系投影变换为以高斯坐标表示的投影平面直角坐标系,得到的样点图中有部分数据的坐标记录有误,样点落在了县界之外,对此加以修改和删除。

首先,对数据的分布进行探查,剔除异常数据,观察样点分析数据的分布特征,检验数据是否符合正态分布和取自然对数后是否符合正态分布。以此选择空间插值方法。

其次,根据选择的空间插值方法进行插值运算,插值方法中参数以误差最小为准则进行选取。

最后,生成格网数据,为保证插值结果的精度和可操作性,将结果采用 20 米 × 20 米的GRID——格网数据格式。

三、养分分区统计

养分插值结果是格网数据格式,地力评价单元是图斑,需要统计落在每一评价单元内的网格平均值,并赋值给评价单元。

工作中利用 ArcGIS9.2 系统的分区统计功能(ZonalStatistics)进行分区统计,将统计结果按照属性连接的方法赋值给评价单元。

第六节　耕地地力评价与成果图编辑输出

一、建立县域耕地资源管理工作空间

首先建立县域耕地资源管理工作空间,然后导入已建立好的各种图件和表格。详见耕地资源管理信息系统章节。

二、建立评价模型

在县域耕地资源管理系统的支持下,将建立的指标体系输入到系统中,分别建立评价指标的权重模型和隶属函数评价模型。

三、县域耕地地力等级划分

根据耕地资源管理单元图中的指标值和耕地地力评价模型,现实对各评价单元地力综合指数的自动计算,采用累积曲线分级法划分县域耕地地力等级。

四、归入全国耕地地力体系

按 10% 的比例数量,在各等级耕地中选取评价单元,调查此等级耕地中近几年的最高粮食产量,经济作物产量折算为粮食产量。将此产量数据加上一定的增产比例作为该级耕地的生产潜力。以生产潜力与《全国耕地类型区、耕地地力等级划分》(NY/T309—1996)进行对照,将县级耕地地力评价等级归入国家耕地地力等级。

五、图件的编制

为了提高制图的效率和准确性,在地理信息系统软件 ArcGIS 的支持下,进行耕地地力评价图及相关图件的自动编绘处理。项目县的行政区划、河流水系、大型交通干道等作为基础信息,然后叠加上各类专题信息,得到各类专题图件。专题地图的地理要素内容是专题图的重要组成部分,用于反映专题内容的地理分布,并作为图幅叠加处理等的分析依据。地理要素的选择应与专题内容相协调,考虑图面的负载量和清晰度,应选择基本的、主要的地理要素。

对于有机质含量、速效钾、有效磷、有效锌等其他专题要素地图,按照各要素的分级分别赋予相应的颜色,同时标注相应的代号,生成专题图层。之后与地理要素图复合,编辑处理生成专题图件,并进行图幅的整饰处理。

耕地地力评价图以耕地地力评价单元为基础,根据各单元的耕地地力评价等级结果,对相同等级的相邻评价单元进行归并处理,得到各耕地地力等级图斑。在此基础上,用颜色表示不同耕地地力等级。

图外要素绘制了图名、图例、坐标系高程系说明、成图比例尺、制图单位全称、制图时间等。

六、图件输出

图件输出采用两种方式,一是打印输出,按照1:5万的比例尺,在大型绘图仪的支持下打印输出。二是电子输出,按照1:5万的比例尺,300dpi 的分辨率,生成 *.jpg 光栅图,以方便图件的使用。

第七节　耕地资源管理系统的建立

一、系统平台

耕地资源管理系统软件平台采用农业部种植业管理司、全国农业技术推广服务中心和扬州土肥站联合开发的“县域耕地资源管理信息系统3”,该系统以县级行政区域内耕地资源为管理对象,以土地利用现状与土壤类型的结合为管理单元,通过对辖区内耕地资源信息采集、管理、分析和评价,是本次耕地地力评价的系统平台。增加相应技术模型后,不仅能够开展作物适宜性评价、品种适宜性评价,也能够为农民、农业技术人员以及农业决策者合理安排作物布局、科学施肥、节水灌溉等农事措施提供耕地资源信息服务和决策支持。系统界面见图4-5。

二、系统功能

“县域耕地资源管理信息系统3”具有耕地地力评价和施肥决策支持等功能,主要功能如下。

图 4-5 系统界面

（一）耕地资源数据库建设与管理

系统以 Mapobjects 组件为基础开发完成，支持 ∗.shp 的数据格式，可以采用单机的文件管理方式与可以通过 SDE 访问网络空间数据库。系统提供数据导入、导出功能，可以将 Arcview 或 ArcGIS 系统采集的空间数据导入本系统，也可将 ∗.DBF 或 ∗.MDB 的属性表格导入到系统中，系统内嵌了规范化的数据字典，外部数据导入系统时，可以自动转换为规范化的文件名和属性数据结构，有利于全国耕地地力评价数据的标准化管理。管理系统也能方便地将空间数据导出为 ∗.shp 数据，属性数据导出为 ∗.xls 和 ∗.mdb 数据，以方便其他相关应用。

系统内部对数据的组织分工作空间、图集、图层三个层次，一个项目县的所有数据、系统设置、模型及模型参数等共同构成项目县的工作空间。一个工作空间可以划分为多个图集，图集针对某一专题应用，比如耕地地力评价图集、土壤有质机含量分布图集、配方施肥图集等。组成图集的基本单位是图层，对应的是 ∗.shp 文件，比如土壤图、土地利用现状图、耕地资源管理单元图等，都指的是图层。

（二）GIS 系统的一般功能

系统具备了 GIS 的一般功能，比如地图的显示、缩放、漫游、专题化显示、图层管理、缓冲区分析、叠加分析、属性提取等，通过空间操作与分析，可以快速获得感兴趣区域的信息。更实用的功能是属性提取和以点代面等功能，本次评价中属性提取功能可将专题图的专题信息，比如灌溉保证率等，快速的提取出来赋值给评价单元。

（三）模型库的建立与管理

专业应用与决策支持离不开专业模型，系统具有建立层次分析权重模型、隶属函数单因素评价模型、评价指标综合计算模型、配方施肥模型、施肥运筹模型等系统模型的功能。在本次地力评价过程中，利用系统的层次分析功能，辅助本县快速地完成了指标权重的计算。权重模型和隶属函数评价模型建立后，可快速地完成耕地潜力评价，通过对模型参数的调整，实现评价结果的快速修正。

（四）专业应用与决策支持

在专业模型的支持下，可实现对耕地生产潜力的评价、某一作物的生产适宜性评价等评价工作,也可实现单一营养元素的丰缺评价。根据土壤养分测试值,进行施肥计算,并可提供施肥运筹方案。

三、数据库的建立

(一)属性数据库的建立

1.属性数据的内容

根据本县耕地质量评价的需要,确立属性数据库的内容,其内容及来源见表4-2。

表4-2 属性数据库内容及来源

编号	内容名称	来源
1	县、乡、村行政编码表	统计局
2	土壤分类系统表	土壤普查资料,省土种对接资料
3	土种属性对照表	镇平土壤
4	土壤样品分析化验结果数据表	野外调查采样分析
5	农业生产情况调查点数据表	野外调查采样分析
6	评价指标及隶属度	县农业专家商评
7	土地利用现状地块数据表	系统生成
8	耕地资源管理单元属性数据表	系统生成
9	耕地地力评价结果数据表	系统生成

2.数据录入与审核

数据录入前应仔细审核,数值型资料注意量纲上下限,地名应注意汉字多音字、繁简字、简全称等问题。录入后还应仔细检查,保证数据录入无误后,将数据库转为规定的格式(DBF 格式文件),通过系统的外部数据表维护功能,导入到耕地资源管理系统中。

(二)空间数据库的建立

土壤图、土地利用现状图、调查样点分布图是耕地地力调查与质量评价最为重要的基础空间数据,分别通过以下方法采集:将土壤图和土地利用现状图扫描成栅格文件后,借助 MapGIS 软件进行手动跟踪矢量化形成土壤图数字化图层,图件扫描采用 300dpi 分辨率,以黑白 TIFF 格式保存。之后转入 ArcGIS 中进行数据的进一步处理。在 ArcGIS 中将土地利用现状图分为农用地地块图(包括耕地和园地)和非农用地地块图,将农用地地块图与土壤图叠加得到耕地资源管理单元图。利用外业调查中采用 GPS 定位获取的调查样点经纬度资料,借助 ArcGIS 软件将经纬度坐标投影转换为北京 54 直角坐标系坐标,建立本县耕地地力调查样点空间数据库。对土壤养分等数值型数据,根据 GPS 定位数据在 ArcGIS 软件支持下生成点位图,利用 ArcGIS 的统计功能进行空间插值分析,产生各养分分布图和养分分布等值线。养分分布图采用格网数据格式,利用分区统计功能,将结果赋值给耕地资源管理单元图中的图斑。其他专题图,比如灌溉保证率分区图等,采用类似的方法进行矢量采集。空间数据库内容及资料来源见表4-3。

表 4-3　空间数据库内容及资料来源

序	图层名	图层属性	资料来源
1	行政区划图	多边形	土地利用现状图
2	面状水系图	多边形	土地利用现状图
3	线状水系图	线层	土地利用现状图
4	道路图	线层	土地利用现状图+交通图修正
5	土地利用现状图	多边形	土地利用现状图
6	农用地地块图	多边形	土地利用现状图
7	非农用地地块图	多边形	土地利用现状图
8	土壤图	多边形	土壤图
9	系列养分等值线图	线层	插值分析结果
10	耕地资源管理单元图	多边形	土壤图与农用地地块图
11	土壤肥力普查农化样点点位图	点层	外业调查
12	耕地地力调查点点位图	点层	室内分析
13	评价因子单因子图	多边形	相关部门收集

四、评价模型的建立

将本县建立的耕地地力评价指标体系按照系统的要求输入到系统中,分别建立耕地地力评价权重模型和单因素评价的隶属函数模型。之后就可利用建立的评价模型对耕地资源管理单图进行自动评价,如图 4-6 所示。

五、系统应用

(一)耕地生产潜力评价

根据前文建立的层次分析模型和隶属函数模型,采用加权综合指标法计算各评价单元综合分值,然后根据累积频率曲线图进行分级。

(二)制作专题图

依据系统提供的专题图制作工具,制作耕地地力评价图、有机质含量分布图等图件。以土壤有机质为例进行说明。

(三)养分丰缺评价

依据测土配方施肥工作中建立的养分丰缺指标,对耕地资源管理单元图中的养分进行丰缺评价。

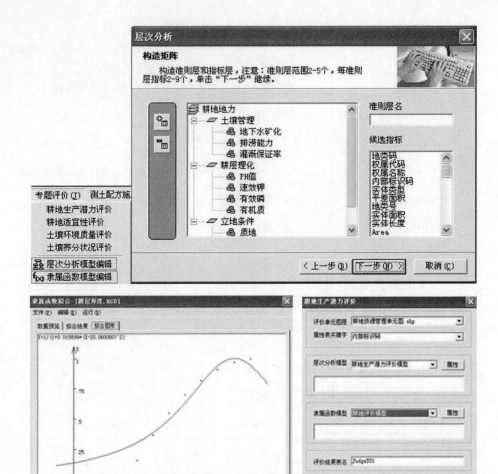

图 4-6　评价模型建立与耕地地力评价示意图

第八节　耕地地力评价工作软、硬件环境

一、硬件环境

(一)配置高性能计算机

CPU:奔腾 IV3.0GhZ 及同档次的 CPU。

内存:1GB 以上。

显示卡:ATI9000 及以上档次的显示卡。

硬盘:80G 以上。

输入输出设备:光驱、键盘、鼠标和显示器等。

(二)GIS 专用输入与输出设备

大型扫描仪:A0 幅面的 CONTEX 扫描仪。

大型打印机:A0 幅面的 HP800 打印机。

(三)网络设备

网络设备包括:路由器、交换机、网卡和网线。

二、系统软件环境

(1)办公软件:Office 2003

(2)数据库管理软件:Access 2003

(3)数据分析软件:SPSS 13.0

(4)GIS 平台软件:ArcGIS 9.2、MapGIS 6.5

(5)耕地资源管理信息系统软件:农业部种植业管理司和全国农业技术推广服务中心开发的县域耕地资源管理信息系统 V3.2 系统。

第五章 耕地地力评价指标体系的建立

第一节 耕地地力评价指标的选取

一、耕地地力评价指标的选取原则

耕地地力评价实质是评价地形地貌、土壤理化性状等自然要素对农作物生长限制的强弱,选取指标时遵循以下几个原则。

(1)选取的指标对耕地地力有较大的影响。比如地貌类型、土壤质地、灌排条件等。

(2)选取的指标在评价区域内的变异较大,便于划分耕地地力等级。比如土壤养分状况直接影响土壤肥力,在全县范围内含量差异较大,因此作为评价指标。而气候条件,虽然宏观上它是决定耕地生产力的第一要素,但本次评价是以县域为对象的,县域内的气候条件差异很小,因此不作为评价指标。

(3)选取的评价指标在时间序列上具有相对稳定性,易变的指标尽可能少选。比如土壤质地、有机质含量等,评价的结果能够有较长的有效期。

(4)独立性原则。选取的评价指标原则上是不相关的,也即相互不具有替代性。比如,有机质和全氮有替代性,在选取时仅选择其一。

二、耕地地力评价指标的选取范围

在《耕地地力评价指南》中,根据我国气候以及地貌特点,用穷尽法建立了一个全国共用的地力评价指标体系,包括了气候、立地条件、剖面性状、耕层土壤理化性状、耕层土壤养分状况、障碍因素、土壤管理等7大类共64项指标。

三、评价指标选取方法

镇平县的耕地地力评价指标选取过程中,采用的是特尔菲法,也即专家打分法。评价与决策涉及价值观、知识、经验和逻辑思维能力,因此专家的综合能力是十分可贵的。评价与决策中经常需要专家的参与,例如给出一组土壤质地,评价不同质地对作物生长影响的程度,通常由专家给出。该方法的核心是充分发挥专家对问题的独立看法,然后归纳、反馈,逐步收缩、集中,最终产生评价与判断。

(一)确定提问的提纲

列出调查提纲应当用词准确,层次分明,集中于要判断和评价的问题。为了使专家易于回答问题,通常还在提出调查提纲的同时提供有关背景材料。

(二)选择专家

为了得到较好的评价结果,通常需要选择对问题了解较多的专家。镇平县选取了经验丰富的专家8人。

(三)调查结果的归纳、反馈和总结

收集到专家对问题的判断后,进行统一归纳。定量判断的归纳结果通常符合正态分布。这时可在仔细听取了持极端意见专家的理由后,去掉两端各25%的意见,寻找出意见最集中的范围,然后把归纳结果反馈给专家,让他们再次提出自己的评价和判断。反复3~5次后,专家的意见会逐步趋近一致,这时就可做出最后的分析报告。

四、镇平县耕地地力评价指标

2010年9月,镇平县组织了县栽培、土壤、植保、水利等多方专家,对全国共用的耕地地力评价指标体系进行逐一筛选。从上述64个指标中选取了14项因素作为本县的耕地地力评价的参评因子,这14项指标分别为质地、排涝能力、灌溉保证率、地貌类型、有效土层厚度、耕层厚度、有机质、有效磷、速效钾、有效锌、水溶性硼、障碍层类型、障碍层位置和障碍层厚度。

镇平县质地共有八种类型,有的过黏,耕作困难,有的过砂,土壤缺乏养料,造成全县作物单产差异很大,所以本次评价选用质地作为评价指标;全县南部平原大部分为井灌区,赵湾、高丘、陡坡三个中小型水库下游为渠灌区,基本覆盖了全县耕地面积的50%,但北部山区、丘陵、垄岗等大部分耕地灌溉无法得到有效保证,加上排水设施层次不一对作物生产所造成的限制,本次评价选用排涝能力、灌溉保证率作为评价指标。由于耕地存在着不同的障碍因素,直接影响土壤的多种属性,选取其作为评价指标可以衡量土壤的供水供肥性。在土壤养分状况的选取中,考虑到有机质和全氮存在正相关,因此选用有机质作为评价指标。考虑到有效磷、速效钾是大量元素且含量差异较大,对作物影响也较大,所以选用其作为评价指标。镇平县是缺锌、缺硼区,选取有效锌、水溶性硼养分指标作为本次评价的指标,可以反映出全县不同区域丰缺状况。

第二节　评价指标权重

在选取的耕地地力评价指标中,各指标对耕地质量高低的影响程度是不相等的,因此需要结合专家意见,采用科学方法,合理确定各评价指标的权重。

确定权重的方法很多,如主成分分析、多元回归分析、逐步回归分析、灰色关联分析、层次分析等,本评价中采用层次分析法(AHP)来确定各参评因素的权重。层次分析法(AHP),是在定性方法基础上发展起来的定量确定参评因素权重的一种系统分析方法。这种方法,可将人们的经验思维数量化,用以检验决策者判断的一致性,有利于实现定量化评价。

一、层次分析法简介

用层次分析法作为系统分析,首先要把问题层次化,根据问题的性质和要达到的目标,将问题分解为不同的组成因素,并按照因素间的相互关联影响以及隶属关系将各因素按不同层次聚合,形成一个多层次的分析结构模型,并最终把系统分析归结为最低层相对于最高层的相对重要性权值的确定或相对优劣次序的排序问题。

在排序计算中,每一层次的因素相对上一层次某一因素的单排序问题又可简化为一系

列成对因素的判断比较。为了将比较判断定量化,层次分析法引入 1～9 比率标度法,并写成矩阵形式,即构成所谓的判断矩阵。形成判断矩阵后,即可通过计算判断矩阵的最大特征根及其对应的特征向量,计算出某一层元素相对于上一层次某一元素的相对重要性权值。在计算出某一层次相对于上一层次各个因素的单排序权值后,用上一层次因素本身的权值加权综合,即可计算出某层因素相对于上一层整个层次的相对重要性权值,即层次总排序权值。

二、层次分析法确定因素权重

(一)建立层次结构

耕地地力为目标层(G 层),影响耕地地力的立地条件、物理性状、化学性状为准则层(C 层),再把影响准则层中各元素的项目作为指标层(A 层)。其结构关系如图 5-1 所示。

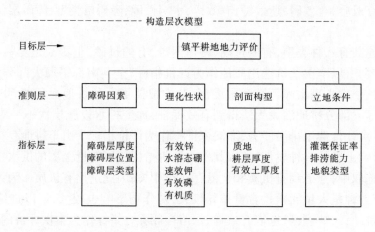

图 5-1　耕地地力影响因素层次结构

(二)构造判断矩阵

根据专家经验,确定 C 层对 G 层以及 A 层对 C 层的相对重要程度,共构成 G,C1,C2,C3 共 4 个判别矩阵,见表 5-1～表 5-5。

表 5-1　目标层 G 判别矩阵

项目	C1	C2	C3	C4
障碍因素 C1	1.0000	0.7918	0.6334	0.7037
理化性状 C2	1.2630	1.0000	0.8000	0.8889
剖面构型 C3	1.5789	1.2500	1.0000	1.1111
立地条件 C4	1.4211	1.1250	0.9000	1.0000

表 5-2　立地条件(C1)判别矩阵

项目	A1	A2	A3
障碍层厚度 A1	1.0000	0.8698	0.7967
障碍层位置 A2	1.1497	1.0000	0.9160
障碍层类型 A3	1.2551	1.0917	1.0000

表 5-3　耕层理化(C2)判别矩阵

项目	A4	A5	A6	A7	A8
有效锌 A4	1.0000	1.0000	0.4323	0.4060	0.3101
水溶态硼 A5	1.0000	1.0000	0.4323	0.4060	0.3101
速效钾 A6	2.3130	2.3130	1.0000	0.9391	0.7172
有效磷 A7	2.4630	2.4630	1.0649	1.0000	0.7637
有机质 A8	3.2250	3.2250	1.3943	1.3094	1.0000

表 5-4　剖面构型(C3)

项目	A9	A10	A11
质地 A9	1.0000	1.0679	0.9142
有效土层厚度 A10	0.9364	1.0000	0.8559
耕层厚度 A11	1.0939	1.1683	1.0000

表 5-5　立地条件(C4)

项目	A12	A13	A14
灌溉保证率 A12	1.0000	1.0200	0.7766
排涝能力 A13	0.9804	1.0000	0.7614
地貌类型 A14	1.2876	1.3133	1.0000

(三)层次单排序及一致性检验

建立比较矩阵后,就可以求出各个因素的权值,采取的方法是用和积法计算出各矩阵的最大特征根 λ_{max} 及其对应的特征向量 W,利用 SPSS 等统计软件,得到的各权数值及一致性检验的结果见表 5-6,并用 $CR = CI/RI$ 进行一致性检验。

表 5-6　权数值及一致性检验结果

矩阵	特征向量					CI	CR
矩阵 A	0.1900	0.2400	0.3000	0.2700		$1.24365847424812 \times 10^{-5}$	0.00001382
矩阵 C1	0.2937	0.3377	0.3686			$-9.2617814646534 \times 10^{-6}$	0.00001597
矩阵 C2	0.1000	0.1000	0.2313	0.2463	0.3225	$-2.54345104466758 \times 10^{-6}$	0.00000227
矩阵 C3	0.3000	0.3090	0.3610			$-4.51397563860922 \times 10^{-6}$	0.00000778
矩阵 C4	0.3060	0.3000	0.3940			$-1.58701283525797 \times 10^{-5}$	0.00002736

从表 5-6 可以看出,$CR < 0.1$,具有很好的一致性。

(四)层次总排序及一致性检验

计算同一层次所有因素对于最高层相对重要性的排序权值,称为层次总排序。这一过程是最高层次到最低层次逐层进行的,层次总排序的结果见表 5-7。

表 5-7　层次总排序

层次 A	障碍因素 0.1900	理化性状 0.2400	剖面构型 0.3000	立地条件 0.2700	总排序
障碍层厚度	0.2937				0.0558
障碍层位置	0.3377				0.0642
障碍层类型	0.3686				0.0700
有效锌		0.1000			0.0240
水溶性硼		0.1000			0.0240
速效钾		0.2313			0.0555
有效磷		0.2463			0.0591
有机质		0.3225			0.0774
质地			0.3300		0.0990
耕层厚度			0.3090		0.0927
有效土层厚度			0.3610		0.1083
灌溉保证率				0.3060	0.0826
排涝能力				0.3000	0.0810
地貌类型				0.3940	0.1064

经层次总排序，并进行一致性检验，结果为 $CI = -8.00937511381951 \times 10^{-6}$，$CR = 0.00001129 < 0.1$，认为层次总排序结果具有满意的一致性，否则需要重新调整判断矩阵的元素取值，最后计算得到各因子的权重见表 5-8。

表 5-8　各评价因子的权重

评价因子	障碍层厚度	障碍层位置	障碍层类型	有效锌	水溶态硼	速效钾	有效磷
权重	0.0558	0.0642	0.0700	0.0240	0.0240	0.0555	0.0591
评价因子	有机质	质地	耕层厚度	有效土层厚度	灌溉保证率	排涝能力	地貌类型
权重	0.0774	0.09990	0.0927	0.1083	0.0826	0.0810	0.1064

第三节　评价因子隶属度的确定

一、隶属函数简介

评价因子对耕地地力的影响程度是一个模糊性概念问题，可以采用模糊数学的理论和方法进行描述。隶属度是评价因素的观测值符合该模糊性的程度（某评价因子在某观测值时对耕地地力的影响程度),完全符合时隶属度为1,完全不符合时隶属度为0,部分符合时隶属度为0~1的任一数值。隶属函数则表示评价因素的观测值与隶属度之间的解析函数。根据评价因子的隶属函数,对于某评价因子的每一观测值均可计算出其对应的隶属度。本次评价中,选定的评价指标与耕地生产能力的关系分为戒上型函数、戒下型函数、峰型函数以及概念型函数。前三种函数的函数模型为

$$
y_i = \begin{cases} 0 & u_i < u_t(戒上), u_i > u_t(戒下), u_i > u_{t1} \text{ 或 } u_i < u_{t2}(峰值) \\ 1/[1 + a_i(u_i - c_i)^2] & u_i < c_i(戒上), u_i > c_i(戒下), u_i < u_{t1} \text{ 且 } u_i > u_{t2}(峰值) \\ 1 & u_i > c_i(戒上), u_i < c_i(戒下), u_i = c_i(峰值) \end{cases}
$$

以上方程采用非线性回归,迭代拟合法得到。

对概念型的指标,比如质地,则采用分类打分法,确定各种类型的隶属度。

二、隶属函数建立

对质地、地貌类型、排涝能力、灌溉保证率、障碍因素等概念型定性因子采用专家打分法,经过归纳、反馈,逐步收缩、集中,最后产生获得相应的隶属度。而对有机质、有效磷、速效钾、有效锌等定量因子则采用 DELPHI 法根据一组分布均匀的实测值评估出对应的一组隶属度,然后在计算机中绘制这两组数值的散点图,再根据散点图进行曲线模拟,寻求参评因素实际值与隶属度关系方程从而建立起隶属函数。参评因素的隶属度如表 5-9 所示。

表 5-9　参评因素的隶属度

障碍层厚度	>50	30~50	<30	0			
隶属度	0.38	0.59	0.71	1			
障碍层位置	300	>50	30−50	<30			
隶属度	1	0.76	0.61	0.36			
障碍层类型	无	砂姜层	砂砾层	黏盘层	白土层		
隶属度	1	0.7	0.62	0.55	0.43		
地貌类型	中山	低山	丘陵	谷地	垄岗	平原	
隶属度	0.25	0.39	0.68	0.87	0.66	1	
灌溉保证率	充分满足	基本满足	一般满足	无			
隶属度	1	0.81	0.63	0.44			
排涝能力	十年一遇	五年一遇	三年一遇				
隶属度	1	0.71	0.46				
质地类别	中壤土	重壤土	轻壤土	中黏土	沙壤土	紧砂土	松砂土	轻黏土
隶属度	0.99	1	0.81	0.73	0.65	0.49	0.30	0.79
耕层厚度	>20	15~20	10~15	10			
隶属度	1	0.82	0.6	0.25			

有效土层厚度	100	70 ~ 100	40 ~ 70	20 ~ 40	< 20		
隶属度	1	0.85	0.69	0.52	0.41		
有效锌	> 1.6	1.3 ~ 1.6	1 ~ 1.3	0.7 ~ 1	0.5 ~ 0.7		
隶属度	1	0.88	0.65	0.48	0.35		
水溶态硼	> 0.5	0.4 ~ 0.5	0.3 ~ 0.4	0.2 ~ 0.3	< 0.2		
隶属度	1	0.81	0.66	0.48	0.36		
有机质	> 20	17 ~ 20	15 ~ 17	12 ~ 15	< 12		
隶属度	1	0.86	0.71	0.52	0.39		
速效钾	> 140	120 ~ 140	100 ~ 120	80 ~ 100	< 80		
隶属度	1	0.93	0.78	0.54	0.35		
有效磷	> 30	25 ~ 30	20 ~ 25	15 ~ 20	10 ~ 15	6 ~ 10	
隶属度	1	0.95	0.80	0.65	0.45	0.35	

通过非线性回归法得到有机质、有效磷、速效钾、有效锌等指标的隶属函数。以有机质为例,模拟曲线如图 5-2 所示。

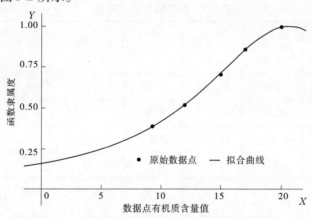

图 5-2　有机质与隶属度关系曲线图

各定量因子隶属函数模型如表 5-10 所示。

表 5-10　定量因子隶属度函数模型

函数类型	参评因素	隶属函数	a	c	u_t
戒上型	有效锌(毫克/千克)	$Y = 1/[1 + A(x - C)^2]$	1.409595	1.610776	0.01
戒上型	水溶性硼(毫克/千克)	$Y = 1/[1 + A(x - C)^2]$	8.691968	0.551603	0.01
戒上型	速效钾(毫克/千克)	$Y = 1/[1 + A(x - C)^2]$	0.000313	132.733227	10
戒上型	有效磷(毫克/千克)	$Y = 1/[1 + A(x - C)^2]$	0.0035550	28.531245	5
戒上型	有机质(克/千克)	$Y = 1/[1 + A(x - C)^2]$	0.0122231	20.69145	3

三、耕地地力等级的确定

(一)计算耕地地力综合指数

用指数和法来确定耕地的综合指数,模型公式如下:

$$IFI = \sum F_i C_i \quad (i = 1,2,3,\cdots,n)$$

式中:IFI(IntegratedFertilityIndex)为耕地地力综合指数;F_i为第i个因素评语;C_i为第i个因素的组合权重。

具体操作过程:在县域耕地资源管理信息系统(CLRMIS)中,在"专题评价"模块中导入隶属函数模型和层次分析模型,然后选择"耕地生产潜力评价"功能进行耕地地力综合指数的计算。

(二)确定最佳的耕地地力等级数目

根据综合指数的变化规律,在耕地资源管理系统中采用累积曲线分级法进行评价,根据曲线斜率的突变点(拐点)来确定等级的数目和划分综合指数的临界点,将镇平县耕地地力共划分为五级,各等级耕地地力综合指数如表5-11、图5-3所示。

表5-11　镇平县耕地地力等级综合指数

IFI	0.874	0.7890	0.6730	0.5780	0.4860
耕地地力等级	一级	二级	三级	四级	五级

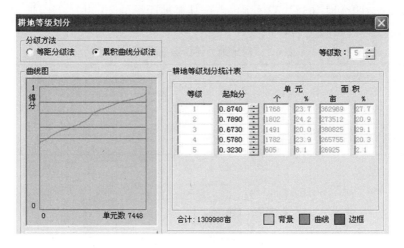

图5-3　综合指数分布图

第六章　耕地地力等级

结合镇平县实际情况,本次耕地地力评价选取14个对耕地地力影响比较大、县域范围内变异比较明显、在时间序列上具有相对稳定性、与农业生产有密切关系的因素,建立评价指标体系。以1:50000土壤图、土地利用现状图叠加形成的图斑作为评价单元,采用GIS技术和模糊评价法、层次分析法、综合指数法等,对河南省镇平县耕地进行了快速准确的定量化评价,把镇平县耕地共分5个等级。评价结果显示,镇平县耕地一、二等地为高产田,占耕地总面积的48.5%,三、四、五等地为中低产田,占耕地总面积的51.5%。

第一节　镇平县耕地地力等级

一、耕地地力等级面积统计

镇平县耕地地力共分5个等级。其中,一级地22374.92公顷,占全县耕地面积的27.7%;二级地16860.26公顷,占全县耕地面积的20.8%;三级地23475.35公顷,占全县耕地面积的29.1%;四级地16382.32公顷,占全县耕地面积的20.3%;五级地1659.79公顷,占全县耕地面积的2.1%,见表6-1、图6-1。

表6-1　耕地地力评价结果面积统计

等级	总计	一级	二级	三级	四级	五级
面积(公顷)	80752.64	22374.92	16860.26	23475.35	16382.32	1659.79
占总面积(%)	100.00	27.7	20.8	29.1	20.3	2.1

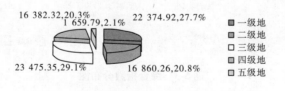

图6-1　镇平县各级地面积分布

根据《全国耕地类型区、耕地地力等级划分》,镇平县一级地全年粮食水平大于900千克/亩,二等地全年粮食水平800~900千克/亩,三等地全年粮食水平700~800千克/亩,四等地全年粮食水平600~700千克/亩,五等地全年粮食水平500~600千克/亩,与全国耕地地力等级划分相一致,见表6-2。

表6-2 镇平县耕地地力划分与全国耕地地力划分对接

等级	镇平县耕地地力等级划分		全国耕地地力划分	
	概念性产量		概念性产量	
	千克/公顷	千克/亩	千克/公顷	千克/亩
一	≥13500	≥900	≥13500	≥900
二	12000～13500	800～900	12000～13500	800～900
三	10500～12000	700～800	10500～12000	700～800
四	9000～10500	600～700	9000～10500	600～700
五	7500～9000	500～600	7500～9000	500～600

二、耕地地力空间分布分析

(一)耕地地力行政区划分布情况

镇平县一级地全县共有22374.92公顷,分布情况是:除二龙乡外,其他乡(镇)均有分布。其中,面积最大是张林乡,有3881.59公顷,占一等地面积的17.35%。二级地全县共有16860.26公顷,分布情况是:除郭庄回族乡、涅阳街道办事处外,其他乡(镇、街道)均有分布。其中面积最大是安字营乡,有2574.91公顷,占二等地面积的15.27%。三级地各乡(镇、街道)均有分布,主要分布在张林乡和彭营乡,面积分别是2163.69公顷和2191.93公顷,占三级地面积的9.22%、9.34%。四级地大部分乡(镇、街道)均有分布,面积最大的是高丘镇,面积为3128.25公顷,占四级地面积的19.1%。五级地面积1659.79公顷,集中分布在高丘镇、老庄镇、二龙乡,面积分别为677.78公顷、403.88公顷、471.03公顷,占五级地的40.84%、24.33%、28.38%。详细行政区划分布情况见表6-3。镇平县耕地地力评价图见附图8。

表6-3 各乡(镇、街道)耕地地力分级面积分布 (单位:公顷)

乡(镇、街道)	一级地	二级地	三级地	四级地	五级地	总计
安字营乡	732.94	2574.91	1908.50	30.82		5247.17
晁陂镇	2147.59	305.09	457.55	66.08		2976.31
二龙乡		152.58	455.95	137.97	471.03	1217.53
高丘镇	314.87	1135.68	1447.46	3128.25	677.78	6704.04
郭庄回族乡	357.14		873.30			1230.44
侯集镇	2143.22	1362.75	1337.26	7.05		4850.28
贾宋镇	2615.99	376.40	707.68	2.12		3702.19
老庄镇	155.4	1490.3	344.38	1598.9	403.88	3992.86
柳泉铺乡	849.26	631.25	1665.43	1032.06	46.26	4224.26
卢医镇	914.45	513.83	1280.89	1100.28		3809.45

乡（镇、街道）	一级地	二级地	三级地	四级地	五级地	总计
马庄乡	1205.04	263.08	747.17	624.95		2840.24
涅阳街道	21.46		16.08			37.54
彭营乡	135.2	780.85	2191.93	2242.7	10	5360.68
曲屯镇	1903.61	82.60	1578.58	51.52		3616.31
石佛寺镇	1380.96	1069.11	677.98	1371.41		4499.46
王岗乡	169.40	1254.88	368.44	987.85		2780.57
雪枫街道	513.76	382.44	898.26	176.70		1971.16
杨营镇	1910.4	794.43	847.32	339.80		3891.95
玉都街道	350.58	768.12	768.26	1451.56	18.06	3356.58
枣园镇	273.57	1777.57	2037.00	287.32		4375.46
张林乡	3881.59	325.29	2163.69			6370.57
遮山镇	398.49	819.10	702.24	1744.98	32.78	3697.59
总计	22374.92	16860.26	23475.35	16382.32	1659.79	80752.64

（二）耕地地力在不同质地上的分布情况

镇平县紧砂土耕地面积 4025.94 公顷，占耕地总面积的 4.99%，耕地地力等级在三、四级中分布，面积最大的是四级地，为 2492.56 公顷。轻壤土耕地面积 1211.33 公顷，占耕地总面积的 1.5%，主要分布在三、四级地中。沙壤土耕地面积 1141.98 公顷，占耕地总面积的 1.41%，在该县分布最少，耕地地力等级为二、三、四级，面积分别为 168.11 公顷、529.07公顷、444.8 公顷。松砂土耕地面积 3230.69 公顷，占耕地总面积的 4.0%，耕地地力等级集中分布在四级和五级地，分别为 1432.66 公顷和 1552.69 公顷，两项合计占松砂土耕地的92.41%。

中黏土耕地面积 1686.6 公顷，占耕地总面积的 2.1%，耕地地力等级主要为三级和四级，分别为 871.11 公顷和 785.67 公顷，两项合计占中黏土耕地面积的 98.23%。

中壤土耕地面积 18377.61 公顷，占耕地总面积的 22.76%，耕地地力等级主要为一级和二级，分别为 11467.35 公顷和 6728 公顷，两项合计占中壤土耕地面积的 99.01%。重黏土耕地面积 29326.17 公顷，占耕地总面积的 3.50%，在该县分布最大，耕地地力等级为二、三、四级和五级，其中三、四级所占面积较大，分别为 16114.74 公顷、10587.27 公顷，占重黏土耕地面积的 54.95%、36.1%。重壤土耕地面积 21752.32 公顷，占耕地总面积的 26.94%，全县分布面积第二，耕地地力等级主要为一、二级和三级地，分别为 10907.57 公顷、7417.27 公顷和 3427.48 公顷。

各质地耕地地力分级分布表见表 6-4。

表 6-4　各质地耕地地力分级分布　　　　　　　　　　　　　　　（单位:公顷）

质地	县地力等级					
	一级地	二级地	三级地	四级地	五级地	总计
紧砂土			1533.38	2492.56		4025.94
轻壤土			571.97	639.36		1211.33
沙壤土		168.11	529.07	444.80		1141.98
松砂土			245.34	1432.66	1552.69	3230.69
中黏土		29.82	871.11	785.67		1686.6
中壤土	11467.35	6728	182.26			18377.61
重黏土		2517.06	16114.74	10587.27	107.1	29326.17
重壤土	10907.57	7417.27	3427.48			21752.32
总计	22374.92	16860.26	23475.35	16382.32	1659.79	80752.64

（三）耕地地力在不同土种上的分布情况

不同的土壤有不同的土壤结构,土壤结构的好坏,对土壤肥力因素、微生物的活动、耕性等都有很大的影响,因此人们常常把土壤种类和土壤质地构型作为评价耕地地力等级的重要指标。镇平县土种有93种,与省土种对接后,共有43种耕地土种类型。其中面积最大的土种类型有浅位黏化洪冲积黄褐土、浅位黏化黄土质黄褐土、深位黏化洪冲积黄褐土,面积分别为10984.89公顷、9423.91公顷、9137.06公顷,占全县耕地土壤的13.6%、11.7%、11.3%。面积较大的土种类型有黏覆砂姜黑土、青黑土、薄层硅铝质中性粗骨土、深位钙盘砂姜黑土、壤覆砂姜黑土、洪冲积黄褐土、厚层硅铝质黄棕壤性土,面积分别为10826.85公顷、6404.81公顷、4365.45公顷、4322.75公顷、4264.27公顷、4060.64公顷、2453.48公顷、2099.76公顷。这10个土种累计占全县耕地面积的78.25%。面积最小的土种类型有浅位黄泥田、潮壤泥田、底砂灰两合土、底砂灰小两合土、厚层砂质中性紫色土、灰砂土、浅位厚层黄胶泥田,面积都在100公顷以下,这7项合计面积为360.82公顷,占全县耕地面积的0.4%。

浅位黏化洪冲积黄褐土面积10984.89公顷,占全县耕地土壤面积的13.6%。主要分布的地力等级为一级和二级,面积分别为5688.86公顷、5295.52公顷,两项合计占耕地浅位黏化洪冲积黄褐土面积的99.99%。

浅位黏化黄土质黄褐土面积9423.91公顷,占全县耕地土壤面积的11.7%。分布的地力等级为三级和四级,面积分别为2887.26公顷、6535.65公顷。

深位黏化洪冲积黄褐土面积9137.06公顷,占全县耕地土壤面积的11.3%。分布的地力等级为一级和二级,面积分别为5467.1公顷、3669.96公顷。

青黑土面积6404.81公顷,占全县耕地土壤面积的7.93%。主要分布的地力等级为二级和三级,面积分别为1870.99公顷、3440.84公顷,两项合计占耕地青黑土面积的82.94%。

黏覆砂姜黑土面积10826.85公顷,占全县耕地土壤面积的12.29%。分布的地力等级为一级和二级地,面积分别为4362.93公顷、22322.0公顷。

薄层硅铝质中性粗骨土面积4365.45公顷,占全县耕地土壤面积的5.41%。主要分布的地力等级为四级和五级,面积分别为2301.27公顷、1491.65公顷,两项合计占耕地薄层硅铝质中性粗骨土面积的 86.88%。

深位钙盘砂姜黑土面积 4322.75 公顷,占全县耕地土壤面积的 5.35%。主要分布的地力等级为三级,面积 3974.49 公顷,占耕地深位钙盘砂姜黑土面积的 91.94%。

壤覆砂姜黑土面积 4060.64 公顷,占全县耕地土壤面积的 5.03%。分布的地力等级为一级和二级,面积分别为 3571.59 公顷、489.05 公顷。

洪冲积黄褐土面积 2453.48 公顷,占全县耕地土壤面积的 3.04%。分布的地力等级为一级和二级,面积分别为 1816.52 公顷、636.96 公顷。

厚层硅铝质黄棕壤性土面积 2099.76 公顷,占全县耕地土壤面积的 2.6%。主要分布的地力等级为二级和三级,面积分别为 1373.81 公顷、517.27 公顷,两项合计占耕地厚层硅铝质黄棕壤性土面积的 90.06%。

从各级地在各类土种上分布面积进行分析,一级地主要分布在浅位黏化洪冲积黄褐土、深位黏化洪冲积黄褐土、黏覆砂姜黑土、壤覆砂姜黑土,面积分别为 5688.86 公顷、5467.10 公顷、4362.93 公顷和 3571.59 公顷,4 项合计面积为 19090.48 公顷,占一级地面积的 85.32%。二级地主要分布在浅位黏化洪冲积黄褐土、深位黏化洪冲积黄褐土、青黑土、厚层硅铝质黄棕壤性土、黏覆砂姜黑土,面积分别为 5295.52 公顷、3669.96 公顷、1870.99 公顷、1373.81 公顷和 1299.73 公顷,5 项合计占二级地面积的 80.07%。三级地主要分布在深位钙盘砂姜黑土、黏覆砂姜黑土、浅位黏化黄土质黄褐土、青黑土、浅位多量砂姜黄土质黄褐土、浅位少量砂姜黄土质黄褐土,面积分别为 3974.49 公顷、3328.52 公顷、2887.26 公顷、3440.84 公顷、1227.98 公顷、1124.12 公顷,6 项合计占三级地面积的 68.1%。四级地主要分布在薄层钙质粗骨土、薄层硅铝质中性粗骨土、浅位黏化黄土质黄褐土、青黑土、中层硅铝质黄棕壤性土,其中浅位黏化黄土质黄褐土面积最大,为 6536.65 公顷,占四级地面积的 39.9%。五级地主要分布在薄层钙质粗骨土、薄层硅铝质黄棕壤性土、薄层硅铝质中性粗骨土、厚层硅铝质中性粗骨土,面积分别为 40.14 公顷、107.1 公顷、1491.65 公顷和 20.9 公顷。

(四)耕地地力等级在不同地貌类型上的分布情况

镇平县地貌复杂,有低山、丘陵、垄岗、平原等多种类型。不同的地貌耕地地力差异较大。一级地主要分布在平原上,面积为 22374.92 公顷;二级地分布在平原和谷地两个地貌类型上,面积分别为 15456.63 公顷、1403.63 公顷;三级地、四级地主要分布在丘陵、垄岗上;五级地主要分布在山区,见表 6-5。

表 6-5　各地力等级地貌类型分布表　　　　　　　　　　（单位:公顷）

地貌类型	县地力等级					
	一	二	三	四	五	总计
低山				1432.66	1552.69	2985.35
谷地		1403.63	210.99	6.36		1620.98
垄岗			7178.53	9291.80	107.10	16577.43
平原	22374.92	15456.63	13119.09	1688.90		52639.54
丘陵			2966.74	3952.32		6919.06
中山				10.28		10.28
总计	22374.92	16860.26	23475.35	16382.32	1659.79	80752.64

(五)不同地力等级灌溉保证率各级别分布情况

土壤水分的重要意义正如农谚所说"有收无收在于水,收多收少在于肥",在土壤形成与肥力发展变化中,水分同样也是极为重要的活跃因素。在土壤质地形成的大循环中,矿物岩石的风化、母质的形成与转移,水分是主要因子。在成土过程中,有机质在成土母质中的合成与分解,使植物营养元素不断在土壤中积累,从而发育成土壤,是生物参与下进行的成土过程,同样也离不开水分。总之土壤水分不仅直接影响作物生长,同样控制着土壤形成与肥力的发展变化,因此灌溉保证率是评价地力等级的重要指标之一。

结合镇平县实际,将其耕地灌溉保证率划分为四个级别,灌溉保证率为95%以上的一级地面积是15382.01公顷,占一级地总面积的68.75%,灌溉保证率为75%~95%的一级地面积3229.89公顷,灌溉保证率为55%~75%的一级地面积为3733.46公顷,灌溉保证率≤55%的一级地面积仅为29.56公顷。

灌溉保证率在95%以上的二级地面积是4764.23公顷,灌溉保证率为75%~95%的二级地面积2814.31公顷,灌溉保证率55%~75%的二级地面积3138.01公顷,灌溉保证率≤55%的二级地面积为6143.71公顷。

灌溉保证率在95%以上的三级地面积为6341.35公顷,灌溉保证率为75%~95%的三级地面积6092.09公顷,灌溉保证率为55%~75%的三级地面积8391.82公顷,灌溉保证率≤55%的三级地面积为2650.09公顷。

灌溉保证率在95%以上的耕地中四级地面积为453.01公顷,灌溉保证率为75%~95%的四级地面积1675.61公顷,灌溉保证率为55%~75%的三级地面积3402.17公顷,灌溉保证率≤55%的四级地面积为10851.53公顷。

灌溉保证率在75%以上的耕地中没有五级地,灌溉保证率为55%~75%的五级地面积仅为22.98公顷,灌溉保证率≤55%的五级地面积为1636.81公顷。

灌溉保证率各级别面积见表6-6。

表6-6　灌溉保证率各级别面积　　　　　　　　　　　　　　　　　　(单位:公顷)

灌溉保证率	县地力等级					
	一	二	三	四	五	总计
15	29.56	6143.71	2650.09	10851.53	1636.81	21311.70
55	3733.46	3138.01	8391.82	3402.17	22.98	18688.44
75	3229.89	2814.31	6092.09	1675.61		13811.90
95	15382.01	4764.23	6341.35	453.01		26940.60
总计	22374.92	16860.26	23475.35	16382.32	1659.79	80752.64

(六)不同地力等级排涝能力各级别面积分布情况

镇平县地力等级耕地排涝能力在3年一遇、5年一遇、10年一遇级别排涝能力都有分布,其具体分布情况见表6-7。

表 6-7　排涝能力各级别面积　　　　　　　　　　　　　　　（单位：公顷）

排涝能力	一	二	三	四	五	总计
3年一遇	285.36	3584.28	5977.60	2466.47	22.98	12336.69
5年一遇	12557.10	3060.99	5569.36	359.92		21547.37
10年一遇	9532.46	10214.99	11928.39	13555.93	1636.81	46868.58
总计	22374.92	16860.26	23475.35	16382.32	1659.79	80752.64

注：表中求和项为平差面积。

结合镇平县实际，将其耕地排涝能力为 10 年一遇、5 年一遇和 3 年一遇 3 个级别。其中，排涝能力在 10 年一遇的一级地面积是 9532.46 公顷，5 年一遇的一级地面积为 12557.1 公顷，3 年一遇的一级地面积仅为 285.36 公顷。

排涝能力在 10 年一遇的二级地面积为 10214.99 公顷，5 年一遇的二级地面积为 3060.99 公顷，3 年一遇的二级地面积为 3584.28 公顷。

排涝能力在 10 年一遇的三级地面积为 11928.39 公顷，5 年一遇的三级地面积为 5569.36 公顷，3 年一遇的三级地面积为 5977.6 公顷。

排涝能力为 10 年一遇的四级地面积是 13555.93 公顷，5 年一遇的四级地面积仅为 359.92 公顷，3 年一遇的四级地面积为 2466.47 公顷。

排涝能力在 10 年一遇的五级地面积是 1636.81 公顷，占五级地面积的 98.62%。

第二节　镇平县一级地分布与主要特征

一、面积与分布

一级地面积为 22374.92 公顷，占全县耕地总面积的 27.7%，主要分布在张林乡、贾宋镇、侯集镇、晁陂镇、杨营镇、曲屯镇，都是平原乡（镇），面积分别是 3881.59 公顷、2615.99 公顷、2143.22 公顷、2147.59 公顷、1910.4 公顷、1903.61 公顷。这些乡（镇）灌溉条件较好，土地肥沃，粮食产量水平较高。

二、主要属性分析

这些地区地形平坦，灌溉保证率基本都在 75% 以上，排水系统较好，土壤种类为浅位黏化洪冲积黄褐土、深位黏化洪冲积黄褐土、黏覆砂姜黑土、壤覆砂姜黑土，耕层土壤为中壤和重壤土，土壤结构及保水肥能力都比较好；质地构型多为均质中壤、均质重壤，土壤理化性状好，肥力较高。耕层养分平均含量：有机质 16.40 克/千克，全氮 1.01 克/千克，有效磷 18.2 毫克/千克，速效钾 116 毫克/千克，有效锌为 1.04 毫克/千克，有效铁 26.6 毫克/千克，有效锰 41.7 毫克/千克，有效铜 1.73 毫克/千克，有效硫 21.6 毫克/千克，水溶态硼 0.28 毫克/千克。主要属性见表 6-8。

表 6-8　一级地耕层养分含量统计

项目	有机质（克/千克）	有效磷（毫克/千克）	速效钾（毫克/千克）	有效锌（毫克/千克）	水溶态硼（毫克/千克）
平均值	16.40	18.2	116	1.04	0.28

三、合理利用

通过调查分析可以看出,一级地土壤肥力较高、耕性好,是镇平县主要的粮食生产基地,粮食产量平均为小麦亩产量在450千克以上,玉米亩产量在550千克左右。作为全县的粮食稳产高产田,应进一步完善排灌工程,对这一区域的施肥指导意见是增施有机肥或秸秆还田等逐步提高土壤有机质的含量,培育肥沃的土壤基础地力,减少氮素肥料的投入,保证磷肥的目前施肥水平,增加钾素肥料的投入,掌握平衡施肥原则,避免造成肥料浪费。

第三节　镇平县二级耕地分布与主要特征

一、面积与分布

二级地面积为16860.26公顷,占全县耕地总面积的20.8%,主要分布在安字营乡、枣园镇、侯集镇、王岗乡、高丘镇、石佛寺镇、老庄镇,面积分别为2574.91公顷、1777.57公顷、1362.75公顷、1254.88公顷、1135.68公顷、1069.11公顷、1490.30公顷。

二、主要属性分析

二级地地貌大部是平原和少部分谷地,地势平坦,排灌条件较好,土壤质地为重壤土、重黏土和沙壤土,土种类型主要为浅位黏化洪冲积黄褐土、深位黏化洪冲积黄褐土、青黑土、厚层硅铝质黄棕壤性土、黏覆砂姜黑土。耕层土壤养分平均含量为有机质14.82克/千克,全氮0.95克/千克,有效磷14.38毫克/千克,速效钾107毫克/千克,有效锌为1.03毫克/千克,有效铁25.9毫克/千克,有效锰40.3毫克/千克,有效铜1.65毫克/千克,有效硫20.7毫克/千克,水溶态硼0.27毫克/千克。主要属性见表6-9。

表6-9　二级地耕层养分含量统计表

项目	有机质 (克/千克)	有效磷 (毫克/千克)	速效钾 (毫克/千克)	有效锌 (毫克/千克)	水溶态硼 (毫克/千克)
平均值	14.82	14.38	107	1.03	0.27

三、合理利用

二级地总体土壤含氮、有机质较低,低于平均水平,而速效钾含量还相对比较丰富。在施肥方面应以培肥地力为主,继续搞好秸秆还田,增施有机肥,提高土壤有机物质含量。同时还要改良土壤结构及土壤养分的释放能力,适应作物各生长阶段的养分需求。

第四节　镇平县三级耕地分布与主要特征

一、面积与分布

三级地面积为23475.35公顷,占全县耕地总面积的29.1%,主要分布在张林乡、彭营乡、安字营乡、柳泉铺乡、曲屯镇、高丘镇和枣园镇,面积分别为2163.69公顷、2191.93公顷、1908.50公顷、1665.43公顷、1578.58公顷、1447.46公顷、2037公顷。

二、主要属性分析

该级地地貌类型大部分为平原、丘陵和垄岗,有很少一部分谷地。该区灌溉保证率基本都在55%~95%,耕层质地重黏土、重壤土和紧砂土,土种类型主要为深位钙盘砂姜黑土、黏覆砂姜黑土、浅位黏化黄土质黄褐土、青黑土、浅位多量砂姜黄土质黄褐土、浅位少量砂姜黄土质黄褐土。耕层养分平均含量有机质16.2克/千克,全氮1.01克/千克,有效磷14.1毫克/千克,速效钾112毫克/千克,有效锌为0.95毫克/千克,有效铁22.6毫克/千克,有效锰36.2毫克/千克,有效铜1.57毫克/千克,有效硫20.7毫克/千克,水溶态硼0.28毫克/千克。主要属性见表6-10。

表6-10　三级地耕层养分含量统计

项目	有机质 (克/千克)	有效磷 (毫克/千克)	速效钾 (毫克/千克)	有效锌 (毫克/千克)	水溶态硼 (毫克/千克)
平均值	16.2	14.1	112	0.95	0.28

三、合理利用

三级地在镇平县分布面积比较大,各乡(镇)均有分布,地貌类型多样,各种土壤质地都有,灌溉保证和排水能力相对稍差,并且存在不同障碍类型,因此要针对各地的情况,适时合理播种,种植绿肥,合理耕作。同时在施肥过程中,要多施有机肥、氮肥,补充适量的钾肥和磷肥。另外,三级地耕层养分状况大部分处于中低水平,加强培肥地力措施,应以秸秆还田为主要措施,收获玉米小麦时可把秸秆直接还田。在种植作物时一定要做到科学施肥,根据土壤分析结果,有针对性地施肥,该施什么肥就施什么肥,不要乱用,否则容易造成污染。

第五节　镇平县四级耕地分布与主要特征

一、面积与分布

四级地面积为16382.32公顷,占全县耕地总面积的20.3%,主要分布在高丘镇、彭营乡、遮山镇、玉都街道办事处、石佛寺镇、老庄镇、卢医镇和柳泉铺乡。面积分别为3128.25公顷、2242.7公顷、1744.98公顷、1451.56公顷、1371.41公顷、1598.90公顷、1100.28公顷、1032.06公顷。

二、主要属性分析

该级地地貌类型多样,主要为垄岗、丘陵和低山。该区灌溉保证率基本都在55%以下,耕层质地大部分是重黏土、紧砂土和松砂土,土种类型主要为薄层钙质粗骨土、薄层硅铝质中性粗骨土、浅位黏化黄土质黄褐土、青黑土、中层硅铝质黄棕壤性土,其中浅位黏化黄土质黄褐土面积最大。耕层养分平均含量有机质14.34克/千克,全氮0.93克/千克,有效磷13.8毫克/千克,速效钾106毫克/千克,有效锌为1.02毫克/千克,有效铁21.5毫克/千克,有效锰38.2毫克/千克,有效铜1.6毫克/千克,有效硫20.9毫克/千克,水溶态硼0.24毫克/千克。主要属性见表6-11。

表6-11 四级地耕层养分含量统计

项目	有机质 （克/千克）	有效磷 （毫克/千克）	速效钾 （毫克/千克）	有效锌 （毫克/千克）	水溶态硼 （毫克/千克）
平均值	14.34	13.8	106	1.02	0.24

三、改良利用措施

四级地土壤质地类型多样,有的土体黏重,有的土体过砂,土体结构差,有机质等各种养分含量偏低,土壤保水肥能力较差,属于低肥力土壤类型。同时该级地灌溉保证率大部分在55%以下,排水能力强,地貌类型多为垄岗、丘陵和低山。因此,主要改良措施为:一是增施有机肥料或商品有机肥,加大秸秆还田量,要在玉米收割时采用直接秸秆还田收割机,小麦收获时采用联合收割机,使小麦秸秆直接还田,进一步培肥地力;二是加强田间水利建设,提高灌溉保证率;三是要加深耕层,平整土地,进一步提高耕地等级。

第六节 镇平县五级耕地分布与主要特征

一、面积与分布

五级地面积为1659.79公顷,占全县耕地总面积的2.1%,主要分布在高丘镇、老庄镇、二龙乡,面积分别为677.78公顷、403.88公顷、471.03公顷。

二、主要属性分析

该级地地貌类型主要为低山。该区灌溉保证率都在55%以下,耕层质地为松砂土,土种类型主要为薄层钙质粗骨土、薄层硅铝质黄棕壤性土、薄层硅铝质中性粗骨土、厚层硅铝质中性粗骨土,土体浅薄,保水保肥性能差。耕层养分平均含量:有机质13.25克/千克,全氮0.83克/千克,有效磷12.8毫克/千克,速效钾80毫克/千克,有效锌为1.43毫克/千克,有效铁32.7毫克/千克,有效锰43.8毫克/千克,有效铜1.85毫克/千克,有效硫20毫克/千克,水溶态硼0.30毫克/千克。主要属性见表6-12。

表6-12 四级地耕层养分含量统计

项目	有机质 （克/千克）	有效磷 （毫克/千克）	速效钾 （毫克/千克）	有效锌 （毫克/千克）	水溶态硼 （毫克/千克）
平均值	13.25	12.8	80	1.43	0.3

三、改良利用措施

五级地土壤土体薄、砾石含量多,主要分布在镇平县北部山区,耕层质地疏松,水土流失严重,气候条件较差。耕层养分含量较低,属于低肥力土壤类型。同时该级地灌溉保证率大部分在55%以下。因此,主要改良措施为:一是增施有机肥料或商品有机肥,进行秸秆还田,逐步培肥地力;二是加强田间蓄水保土工程,加高地埂变坡地为梯田,有计划地修建小型蓄水工程,提高灌溉保证率。

第七章　耕地资源利用类型区

耕地地力评价实质是就地力评价指标对作物生长限制程度进行评价。通过地力评价，筛选各级行政区域的地力评价指标，划分、确定耕地地力等级，找出各个地力等级的主导限制因素，划分中低产田类型和耕地资源利用类型区，为耕地资源合理利用提供依据。

第一节　耕地地力评价指标空间特征分析

镇平县耕地地力评价选取的评价指标有耕层土壤质地、有效土层厚度、耕层厚度、地貌类型、灌溉保证率、排涝能力、障碍层类型、障碍层位置、障碍层厚度、土壤有机质、有效磷、速效钾、有效锌、水溶态硼等14个评价因子或评价指标。这些评价指标在县域及各乡(镇)的空间分布并非均匀，通过空间分布特征分析，以及各个评价指标在不同地力等级中比重的分析，为划分耕地资源利用类型区提供依据。

一、表层质地

耕层土壤质地对土壤养分含量，保水保肥性能、耕性和通透性及土壤其他属性影响很大，对各种作物的适宜种植程度起决定性作用，如花生最适宜于砂质土壤类型，在重黏质土壤上则适宜性差。

镇平县耕层土壤质地有紧砂土、松砂土、轻壤土、沙壤土、中黏土、中壤土、重黏土、重壤土8种质地类型。

镇平县不同等级的表层质地说明，镇平县一级地质地类型为中壤土、重壤土。其中，中壤土占到了一级地面积的51.3%，重壤土占到了一级地面积的48.7%；二级地主要包括重壤土、中壤土、重黏土、中黏土、沙壤土，其中重壤土占二级地面积的44%，中壤土占二级地面积的39%，重黏土占二级地面积的9.4%。三级地质地类型多，包含镇平县8种质地，主要包括重黏土、重壤土、紧砂土，其中重黏土占三级地面积的68%，重壤土占14.6%，紧砂土占6.5%，其他质地类型面积较少；四级地主要包括重黏土、紧砂土、松砂土等6个质地，其中重黏土占四级地面积的64.6%，紧砂土占到了15.2%，松砂土占8.7%，其他质地分布较少；五级地主要是重黏、松砂土，其中松砂土占93.5%。

紧砂质土分布在北部低山、丘陵地区，主要分布在高丘镇、石佛寺镇、遮山镇、老庄镇、二龙乡，土壤等级为三、四级地，主要种植花生、红薯等作物。

松砂质土分布在北部低山、丘陵地区，主要分布在高丘镇、石佛寺镇、老庄镇，土壤等级为四、五级地，土层浅薄，保水保肥性差，主要种植花生、红薯等作物。

沙壤质土分布在北部丘陵地区，主要包括玉都街道办事处、柳泉铺乡北部丘陵地区及高丘镇，评价等级主要为三、四级地，二级地上也有少量分布。种植以小麦、花生为主，是以油料作物花生生产为主的粮油生产区。

轻壤质土分布在高丘镇及石佛寺镇、二龙乡低山、丘陵地区，地力等级主要为三、四级地,这类土壤是以小麦、花生种植为主的粮油生产区。

中壤质地在镇平县各乡(镇)均有分布,主要分布在镇平县侯集镇、石佛寺镇南部平原、张林乡、杨营乡、贾宋镇、安字营乡、晁陂镇、卢医镇等,评价等级以一、二级地为主,有部分三级地分布。这类土壤质地是全县的主要土壤质地类型之一,是以小麦、玉米种植为主的粮食高产、稳产区域。

中黏质土主要分布镇平县西北部的岗坡丘陵上,主要分布在卢医镇和高丘镇,二龙乡、老庄镇也有分布。评价等级主要为三、四级地,是小麦、玉米种植为主的粮食作物区域,粮食生产水平较低。

重壤质地在镇平县各乡(镇)均有分布,主要分布在张林乡、曲屯镇、安字营乡、晁陂镇、彭营乡、贾宋镇、马庄乡、王岗乡等,评价等级以一、二级地为主,三级地上也有少量分布。这类土壤质地是全县的主要土壤质地类型之一,耕层深厚,土壤结构性好,保水保肥性好,是以小麦、玉米种植为主的粮食高产、稳产区域。

重黏质土主要分布镇平县各乡(镇),主要分布在彭营乡、安字营乡、张林乡、柳泉铺乡、枣园镇、遮山镇。评价等级主要为三、四级地,是小麦、玉米、棉花、烟叶等种植为主的粮食经济作物区域,因其土质黏重,排水性能差,粮食生产处于中等水平。

镇平县土壤质地分布见表7-1、图7-1。

表7-1　镇平县土壤质地分布

质地	一级地		二级地		三级地		四级地		五级地	
	面积	比例(%)	面积	比例(%)	面积	比例(%)	面积	比例(%)	面积	比例(%)
紧砂土					1533.38	6.5	2492.56	15.2		
轻壤土					571.97	2.4	639.36	3.9		
沙壤土			168.11	1.0	529.07	2.3	444.80	2.7		
松砂土				0	245.34	1.0	1432.66	8.7	1552.69	93.5
中黏土			29.82	0.2	871.11	3.7	785.67	4.8		
中壤土	11467.35	51	6728.00	39.9	182.26	0.8		0		0
重黏土		0	2517.06	14.9	16114.74	68.6	10587.27	64.6	107.10	6.5
重壤土	10907.57	49	7417.27	44.0	3427.48	14.6				
总计	22374.92	100	16860.26		23475.35	99.9	16382.32	99.9	1659.79	

二、有效土层厚度和耕层厚度

镇平县土壤类型复杂,共有8个土类11个亚类19个土属和41个土种。不同的土壤其有效土层厚度和耕层厚度差异较大。有的土体厚度大于100厘米,耕层厚度超过25厘米;有的土体浅薄,耕层不足10厘米,对作物生长产生不同程度影响。全县土壤有效土层厚度大于100厘米,耕层厚度大于20厘米的面积有38013公顷,占全县耕地面积的47.1%,地力等级主要为一、二级,分布在南部平原地区,质地为重壤或中壤,无障碍层,有利于作物根系生长。土壤有效土层厚度大于70厘米小于100厘米,耕层厚度大于18厘米小于20厘米的

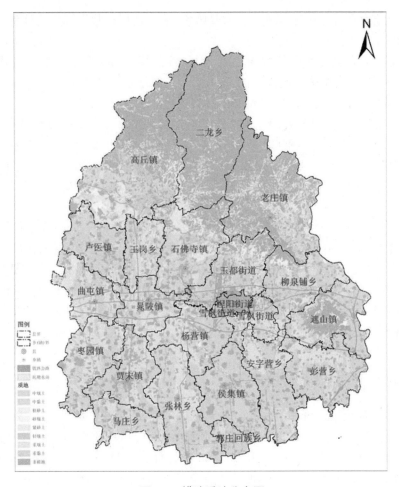

图7-1 耕地质地分布图

面积2438.87公顷,占全县耕地面积的3%,地力等级主要为三、四级,分布在南部平原区,质地为重黏土、中黏土和紧砂土。土壤有效土层厚度大于50厘米小于70厘米,耕层厚度大于15厘米小于18厘米的面积有10566.11公顷,占全县耕地面积的13.1%,地力等级主要为三级,分布在南部张林乡、彭营乡、安字营乡等。土壤有效土层厚度大于30厘米小于50厘米,耕层厚度大于12厘米小于15厘米的面积有22506.79公顷,占全县耕地面积的21.9%,地力等级为三级、四级,全县各乡(镇)均有分布,主要分布在高丘镇、张林乡、彭营乡、卢医镇、柳泉铺乡。土壤有效土层厚度小于30厘米,耕层厚度小于12厘米的面积有7227.87公顷,占全县耕地面积的14.9%,地力等级为三、四、五级,其中四级地面积最大,主要分布在北部低山、丘陵地区。

三、障碍因素

镇平县大部分土壤存在着影响作物生长的因素,即障碍因素。对作物影响程度的大小又因构成障碍的土层类型、障碍层出现的位置及厚度的不同而不同。一般情况下,没有障碍层的土壤,有利于作物根系下扎,对作物有利,而有障碍层的土壤因障碍层的类型不同,表现出不同的土壤属性,有的使土壤通透性、排水性变差,有的使土壤适耕性变差,在农业生产上表现出不同的地力和肥力状况。考虑到这些因素,所以选择这些指标作为评价指标,以区别土种之间的差异。

镇平县土壤障碍层类型共有砂姜层、黏盘层、沙砾层、白土层、潜育层五种类型,其面积达到33609.53公顷,占全县耕地面积的41.6%。一级地主要是中壤土和重壤土质地,全部没有障碍层,这部分面积是22374.9公顷,占总耕地面积的27.7%;二级地上出现黏盘层、砂姜层和沙砾层的土壤有1640.03公顷,占总耕地面积的2.0%;三级地上有白土层、黏盘层、潜育层、砂姜层的土壤有20489.46公顷,占总耕地面积的25.4%;四级地上有白土层、黏盘层、潜育层、砂姜层的土壤有11372.94公顷,占总耕地面积的14.1%;五级地上只有白土层一种障碍层,面积是107.1公顷,占总耕地面积的0.13%。障碍层主要分布在三、四、五级地。

障碍层位置出现在100厘米以上,对作物生长无不良影响,这类面积是4714.3公顷,占总耕地面积的58.4%,主要分布在一级地上;障碍层位置出现在70厘米,厚度为30厘米,对作物生长影响较小,这类面积是3263.01公顷,占总耕地面积的4.1%,主要分布在二、三级上;障碍层位置出现在50厘米,厚度为50厘米,对作物生长影响较大,这类面积是27059.1公顷,占总耕地面积的34.1%,主要分布在三、四级上;障碍层位置出现在30厘米,厚度为70厘米,严重影响作物生长,这类面积是11336.97公顷,占总耕地面积的14%,主要分布在四、五级地上。

四、灌溉保证率

镇平县有大小河流13条,有中型水库3座,小型水库19座,塘、堰311处,总蓄水能力2.11亿立方米。拥有中型水库灌区4处,小水库灌区16处,中小引河灌区700余处,机灌站51座,机井6860眼,有效灌溉面积57万亩,占耕地面积的41.3%,旱涝保收面积50万亩。另有一部分耕地由于灌渠不能覆盖,地下水资源贫乏,只能是望天收,产量不稳定,影响了肥力水平的发挥。镇平县贫水区面积380平方千米,主要区域在西北部丘陵区的枣园、曲屯、卢医、王岗乡一带,县城以北及遮山镇、彭营乡周围,南坪公路以南、赵河以东,西三里河以西的缓岗区。这些地区即使地力水平和有水浇条件相同,在干旱年份生产水平差异大,因此选取其作为评价指标,可以在特殊条件下比较地力的高低。

灌溉保证率各级别面积见表7-2。

灌溉保证率分布见图7-2。

表7-2　灌溉保证率各级别面积　　　　　　　　　　　　（单位:公顷）

灌溉保证率	县地力等级					
	一	二	三	四	五	总计
15	29.56	6143.71	2650.09	10851.53	1636.81	21311.70
55	3733.46	3138.01	8391.82	3402.17	22.98	18688.44
75	3229.89	2814.31	6092.09	1675.61		13811.90
95	15382.01	4764.23	6341.35	453.01		26940.60
总计	22374.92	16860.26	23475.35	16382.32	1659.79	80752.64

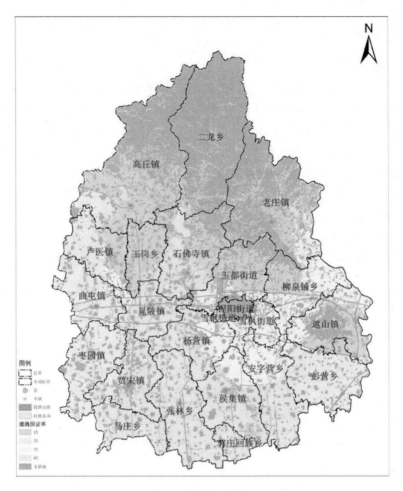

图 7-2　镇平县耕地灌溉保证率分布图

五、排涝能力

镇平县境内的赵河、沿陵河、潦河及其支流为主要自然排水系统,全县还有不同程度农田沟路渠等为排水系统。根据镇平县水利部门资料,各河道排涝能力不尽相同,再加上地块间高程差异,所以不同区域对洪涝的防控能力是对地力评价的重要指标(如表7-3所示)。

表 7-3　排涝能力各级别面积 （单位:公顷）

排涝能力	县地力等级					总计
	一	二	三	四	五	
3 年一遇	285.36	3584.28	5977.60	2466.47	22.98	12336.69
5 年一遇	12557.10	3060.99	5569.36	359.92	1636.81	21547.37
10 年一遇	9532.46	10214.99	11928.39	13555.93		46868.58
总计	22374.92	16860.26	23475.35	16382.32	1659.79	80752.64

注:表中求和项为平差面积。

六、耕层土壤养分

（一）有机质

土壤有机质含量代表土壤基本肥力,也和土壤氮含量呈正相关关系。有机质含量的多少和同等管理水平的作物产量也显示明显的正相关关系,即有机质含量越高,单位面积产量越高,反之则降低。作为评价指标对不同等级的耕地都有所反映,如镇平县一等地土壤有机质含量为 16.03 克/千克,二等地土壤有机质含量为 14.79 克/千克,三等地土壤有机质含量为 15.98 克/千克,四等地土壤有机质含量为 14.47 克/千克,五等地有机质含量为 13.2 克/千克。在其分布方面也有相对的规律性,如大于 15.98 克/千克含量的主要分布在南部平原的中壤土、重壤土以及重黏土土壤上的一、二、三等地范围,也是镇平县高产、稳产粮食作物生产基地区域;四等地集中在北部丘陵山区的中黏土、松砂土上,有机质含量较低,主要集中在以小麦、花生种植为主的粮油生产区域。各地力等级有机质含量见表7-4

表7-4　各地力等级有机质含量　　　　（单位:克/千克）

等级	一等	二等	三等	四等	五等
平均值	16.03	14.79	15.98	14.47	13.2
最大值	25.1	25.3	25.4	23.7	19.1
最小值	10.5	9.8	9.5	9.5	9.3
标准偏差	2.485	2.522	2.716	2.16	1.356

（二）有效磷

磷是作物生长所需的大量营养元素之一,关系到根系的发育及作物产量,对氮元素也有相应的促进作用。镇平县土壤有效磷含量在不同等级耕地上有明显差异,一等地土壤有效磷含量为 17.74 毫克/千克,二等地土壤有效磷含量为 13.99 毫克/千克,三等地土壤有效磷含量为 14.42 毫克/千克,四等地土壤有效磷含量为 13.67 毫克/千克,五等地土壤有效磷含量为 12.31 毫克/千克。土壤有效磷含量与土壤质地关系明显,如镇平县北部山区、丘陵地区、沿河潮土等砂质土壤有效磷含量最低,而中壤土、重壤土、中黏土中含量最高。各地力等级有效磷含量见表7-5。

表7-5　各地力等级有效磷含量　　　　（单位:毫克/千克）

等级	一等	二等	三等	四等	五等
平均值	17.74	13.99	14.42	13.67	12.31
最大值	40	31.9	34.4	36.3	22.5
最小值	7.1	5.5	5.4	5.6	5.7
标准偏差	5.411	3.896	5.077	3.924	2.549

(三)速效钾

近几年镇平县土壤速效钾含量下降较快,已成为农业生产中土壤养分的一个障碍因素,制约了作物产量的提高。

镇平县土壤速效钾含量在不同等级耕地上表现明显,一等地土壤速效钾含量为114.6毫克/千克,二等地土壤速效钾含量为106.6毫克/千克,三等地土壤速效钾含量为112.8毫克/千克,四等地土壤速效钾含量为106毫克/千克,五等地土壤速效钾含量为84.2毫克/千克。在不同土壤质地方面表现为砂质土含量最低,中黏土、重壤土、重黏土含量最高,其规律趋势随着土壤质地的黏重程度而提高,并呈现出不同的区域分布规律,自北向南含量逐渐增加。各地力等级速效钾含量见表7-6。

表7-6　各地力等级速效钾含量　(单位:毫克/千克)

等级	一等地	二等地	三等地	四等地	五等地
平均值	114.6	106.6	112.8	106	84.2
最大值	162	156	174	154	121
最小值	77	65	53	66	55
标准偏差	15.404	15.763	17.766	15.350	10.366

(四)有效锌

锌是作物生长发育所需微量元素之一,土壤缺锌已成为影响作物产量的因素之一。土壤有效锌含量在不同等级耕地上表现明显,一等地土壤有效锌含量为0.95毫克/千克,二等地土壤有效锌含量为1.03毫克/千克,三等地土壤有效锌含量为0.95毫克/千克,四等地土壤有效锌含量为1.05毫克/千克,五等地土壤有效锌含量为1.44毫克/千克。在不同土壤质地方面表现为砂质土含量最高,中黏土、重壤土、重黏土含量最低,其规律趋势随着土壤质地的黏重程度而降低,并呈现出不同的区域分布规律,自北向南含量逐渐降低。各地力等级有效锌含量见表7-7。

表7-7　各地力等级有效锌含量　(单位:毫克/千克)

等级	一等地	二等地	三等地	四等地	五等地
平均值	0.95	1.03	0.95	1.05	1.44
最大值	1.95	2.33	3.3	3.01	2.67
最小值	0.34	0.36	0.3	0.35	0.75
标准偏差	0.259	0.303	0.783	0.275	0.239

(五)水溶态硼

硼是作物生长发育所需微量元素之一,镇平县土壤缺硼现象十分严重,缺硼造成花而不实,制约了作物产量的提高。土壤水溶态硼含量在不同等级耕地上表现明显,一等地土壤水溶态硼含量为0.29毫克/千克,二等地土壤水溶态硼含量为0.27毫克/千克,三等地土壤水溶态硼含量为 0.26 毫克/千克,四等地土壤水溶态硼含量为 0.24 毫克/千克。五等地土壤水溶态硼含量为 0.21 毫克/千克。基本呈现出地力等级越高含量就越高的趋势。各地力等级水溶态硼含量见表 7-8。

表 7-8　各地力等级水溶态硼含量 （单位:毫克/千克）

等级	一等	二等	三等	四等	五等
平均值	0.29	0.27	0.26	0.24	0.21
最大值	0.67	0.71	0.50	0.49	0.44
最小值	0.08	0.09	0.10	0.10	0.14
标准偏差	0.090	0.083	0.088	0.074	0.044

第二节　耕地地力资源利用类型区

一、耕地资源类型区

镇平县根据耕地地力评价选取的评价因子或评价指标,参考地形地貌、水文地质、气候、生物、水利、有利条件、不利因素、肥力水平、改良利用方向及农业生产自然条件和社会经济技术条件的相对一致性;基本特点和存在问题的类似性;发展方向和增产途径的共同性;保持行政区域界限的完整性;农业科学技术所占份额的不平衡性,把全县耕地划分为四个不同的耕地资源利用类型区域。

(一)北部山区林、牧、蚕类型区

该区包括深山林、牧、土特产;中山林、蚕、牧;浅山林、牧、农三个亚区。这一区域主要分布在镇平县北部淡岩黄砂石土土壤区,包括二龙乡全部,老庄镇绝大部分,高丘、石佛寺一部分,以及玉都街道一小部分。涉及 5 个乡(镇、街道),40 个行政村 470 个村民小组,总土地面积 608160 亩,总耕地面积 39273 亩。

(1)深山林、牧、土特产亚区:包括高丘镇的菊花场、周盘、黑虎庙、寺山;二龙乡的凉水坪、四棵、黄竹笆寺、枣子营、石庙、三潭、碾坪计,共 11 个村。该亚区的特点是群山林立,山陡谷深,低温寡照,交通不便,耕地少,宜林面积大,草源丰富。宜造林,养牛养羊,种植中药材、食用菌等。粮食产量低。

(2)中山林、蚕、牧亚区:包括高丘镇的响水河、刘坟、山里王、姚片河,二龙乡的东马沟、二龙、老坟沟、清凉树,老庄镇的任家沟、余堂、玉皇庙、马家场、赶仗河、姜庄、李家庄、东湾、秋树湾、老庄,共计 18 个村。该亚区的特点是坡多,坡度相对较缓,宜林但成林少,是柞蚕适生区,草多适宜畜牧发展。粮食产量稍高于深山区。

(3)浅山林、牧、农亚区:包括老庄镇的凉水泉、王庄,石佛寺镇的全家岭、坡根、黄楝崖,玉都街道办的刘家岗、周家,二龙乡的付家庄、王坪、下河,高丘镇的拐沟,共计 11 个村。该亚区的特点是坡缓、林稀、地表岩石裸露面积大,草场广,宜牧,耕地土质差,肥力低,但日照足,雨水充沛,温度偏高,能满足一年两熟作物需要。主要种植作物为小麦、玉米、水稻、红薯、花生等。

（二）中北部丘陵黄棕壤土粮食、油料生产类型区

这一区域分垄岗粮、油、枣及缓岗粮油两个亚区，包括枣园、王岗、高丘、柳泉铺全部，曲屯、玉都、遮山、卢医、石佛寺、老庄大部，晁陂、杨营、彭营部分，涉及13个乡（镇、街道），164个行政村2054个村民小组，总土地面积848700亩，总耕地面积490218亩。

（1）垄岗粮、油、枣亚区：包括老庄镇的曾寨、时沟、下李沟、河东、蒋庄、江南、江北、夏营、寺庄，柳泉铺乡的西沟、后洼、付营、青山，遮山镇的夏庄、白沟、韩沟、铁匠庄、陈沟、陈善岗、王沟，玉都街道办事处的李殿营、北张庄、白河、唐家庄，王岗乡的东李庄、厚碾盘、谷坡、西李庄，石佛寺镇的韩冲、仝堂、魏湾、杨沟、马隐店、赵湾、平地山、党庄，卢医镇的军刘沟、郝沟、张沟、朱沟、金佛寺，高丘镇的唐沟、史岗、家河、谷营、凤翅山、丁张营、孙湾、徐沟、先师庙、崔岗、靳坡、韩营，共计53个村。该亚区与山区南部相接，特点是岗多坡陡，沟壑纵横，切割严重，多为坡地，土质差异大，荒坡、荒沟、荒埂多，水蚀严重，为贫水区，易干旱。以农为主，种植小麦、玉米、红薯、花生，并且是大枣的适生区。

（2）缓岗粮油亚区：包括柳泉铺乡的柳泉铺、北田岗、王河、大庄寺、大湖、温岗、温营、新集、裴营、李老庄、大榆树、郭岗、大马庄、范营、八里桥、任家庄，遮山镇的张湾、罗庄、马营、朱岗、小苏庄、钟其营、东魏营、东杨庄，彭营乡的田岗、罗李沟、李和庄、小范庄，玉都街道办事处的徐桥、五里岗、肖营、大刘营、碾房庄、四里庄、安国、尧庄、泰山庙、十里庄，雪枫街道办事处的五里河，石佛寺的石佛寺、老毕庄、马洼、李营、苏寨、贺庄，杨营镇的蒋坡、郑坡、岁坡、沙家、魏营，王岗乡的马岗、胡营、管刘庄、鄢沟、管家、前裴营、砚台、慕营、杜庄、靳营，高丘镇的门岗、陈营、野鸡脖、付寨、李沟、桥沟、徐营，卢医镇的东风、小魏营、白杨树、卢医街、田河、大河东、郭岗、大何营、大魏营，曲屯镇的安洼、曹营、刘冲、马家、罗洼、花栗树、彭岗、齐岗、五龙庙、曲屯，枣园镇的蒋刘洼、沟王、吴岗、绿化、山南、东黄、山北张、下户、老时营、陈岗、鱼池马、周岗、岗李、城皇庙、下辛营、烂银张、杨家、大王庙、枣园，晁陂镇的郝堂、半坡、齐营、街北、街南、老张营，共计111个村。该亚区的特点是岗丘连绵，多为缓岗平岗，土壤多为黄棕壤土亚类，洼地多为砂姜黑土类，质地黏重，团粒结构差，适耕期短，耕作粗放。

（三）南部平原粮、菜、棉生产类型区

该区主要分布在镇平县南部，分沿河潮土粮、菜、棉和砂姜黑土粮、油两个生产类型亚区，包括张林、彭营、安字营、贾宋、马庄、卢医、曲屯、晁陂、雪枫、杨营、张林、侯集、遮山、石佛寺（涅阳已无耕地）15个乡（镇、街道）185个行政村，2632个村民小组，土地面积793140亩，耕地面积578059亩。

（1）沿河潮土粮、菜、棉亚区：该亚区位于赵河、沿陵河、淇河两岸，包括雪枫街道办事处的牛王庙、南张庄，石佛寺镇的榆树庄、尚常、贺营、大仵营，卢医镇的白龙庙、周堂，曲屯镇的柴庄、兴国寺、楼子王，晁陂镇的王楼、梁堂、甲李、罗营、栾营、关帝庙、官路河、余宅、刘沟，贾宋镇的上辛营、苇子坑、下户杨、薛关、薛家、西黑龙庙、小集、西赵营，张林乡的张庄，马庄乡的大龙庙、栗扒，杨营镇的刘洼、老王营、李邦相、大贾庄、杨营街、尹营、郭营、程庙、代营、薛庙、草房梁、白庄，安字营的姜庄、余寨、堰岔、梨园、邱庄、廖赵庄、何寨、刘张营，侯集镇的东门、西门、狄庄、宋小庄、姜老庄、项寨、辛庄寨、高营、马圈王、姜营、永丰庄、项店、乔旗营、侯寨、南洼，共计71个行政村。该亚区的特点是地势平坦，人多地少，土壤肥沃，水利条件好，交通便利，土层厚，土质好，易耕作，粮油产量较高，有利蔬菜发展。

（2）砂姜黑土粮、油生产类型亚区：该亚区位于南部边缘，包括彭营乡的梁洼、冯营、太子寺、彭营、西王庄、李锦庄、司营、李庄、东宋营、南王庄、韩堂、北王庄、田营、柳园、彭庄,雪枫街道办事处的徐岗、小西营、榆盘、八里庙、大奋庄,遮山镇的倒座堂、孔营,晁陂镇的中户杨、宅子杨、大栗树、草场吴、山头营、裴营、张营,贾宋镇的张楼、张楼西、闵河、苏曹营、育茂张、大徐营、李普吾、老君庙、师洼、桥北、桥南、桥东、桥西、李民,张林乡的黑龙集、玉皇阁、高庄、方坡、贾庄、公吉王、官寺、于河、太平观、沙河刘、余东、余西、南蒋庄、黑张、华沟、后杨庄、禹王庙、白庙、朱张营、东黑龙庙、闻家营、张林西、张林东、布袋王、李寨、东赵营、不老刘、大陈营、楚营、李慎动、土楼,马庄乡的杨寨、马庄、夹河李、尤营、唐营、小碾王、黄楝扒、白衣堂,郭庄乡的孙楼、团东、团中、团西、白杨范、熊庄、郭庄,侯集镇的谭寨、袁营、大赵营、常营、王官营、房营、宋营、易营,安字营乡的七里庄、梁寨、连庄、王孟树、耿梁庄、白坡、史坡、阎庄、刁坡、元明寺、遇仙桥、孙庄、安字营、凉水井、白草庄、王洼、草王庄,共计117个行政村。该亚区的特点是地势平坦,砂姜黑土质地黏重,通透性差,土层薄,耕层浅,怕旱怕涝,适耕期短,适种小麦、玉米、豆类、棉花、芝麻、油菜等。

二、中低产田面积及分布

此次耕地地力评价结果,镇平县将耕地划分为5个等级,其中一级、二级地为高产田,耕地面积39235.18公顷,占全县总耕地面积的48.59%;三级地为中产田,面积23475.35公顷,占全县总耕地面积的29.1%;四、五等地为低产田,面积18042.11公顷,占全县总耕地面积的22.3%。

按照这个级别划分,镇平县中低产田面积合计为41517.46公顷,占全县基本农田总面积的51.4%。镇平县的中低产田在全县的分布区域为:中低产田面积最大的是高丘镇,占该乡镇总面积的78.4%;各乡镇中低产田面积占该县面积的比例最大的也是二龙乡,详情见表7-9、图7-3。

表7-9 各乡(镇、街道)中低产田所占比例

乡(镇、街道)	面积(公顷)	百分比(%)
安字营乡	1939.32	37.0
晁陂镇	523.63	17.6
二龙乡	1064.95	87.5
高丘镇	5253.49	78.4
郭庄回族乡	873.30	71.0
侯集镇	1344.31	27.7
贾宋镇	709.8	19.2
老庄镇	2347.16	58.8
柳泉铺乡	2743.75	65.0
卢医镇	2381.17	62.5
马庄乡	1372.12	48.3
涅阳街道	16.08	42.8

乡(镇、街道)	面积(公顷)	百分比(%)
彭营乡	4444.63	82.9
曲屯镇	1630.1	45.1
石佛寺镇	2049.39	45.5
王岗乡	1356.29	48.8
雪枫街道	1074.96	54.5
杨营镇	1187.12	30.5
玉都街道	2237.88	66.7
枣园镇	2324.32	53.1
张林乡	2163.69	34.0
遮山镇	2480	67.1
总计	41517.46	51.4

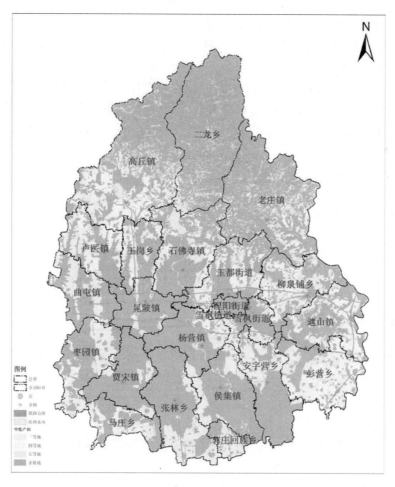

图 7-3　耕地中低产田分布图

第八章 耕地资源合理利用的对策与建议

通过对镇平县耕地地力评价工作的开展,全面摸清了全县耕地地力状况和质量水平,初步查清了镇平县在耕地管理和利用、生态环境建设等方面存在的问题。为了将耕地地力评价成果及时用于指导农业生产,发挥科技推动作用,有针对性地解决当前农业生产管理中存在的问题,本章从耕地地力与改良利用、耕地资源合理配置与种植业结构调整、科学施肥、耕地质量管理等方面提出对策与建议。

第一节 耕地地力建设与土壤改良利用

一、耕地利用现状

镇平县是典型农业县,盛产小麦、玉米、棉花、花生、芝麻、红薯等,总耕地面积112.77万亩,农作物播种面积207.735万亩,其中粮食作物播种面积146.055万亩,油料30.015万亩,蔬菜15.9万亩,瓜类2.4万亩,棉花8.145万亩,甘蔗0.03万亩,烟叶1.995万亩,药材0.825万亩,水果1.068万亩。镇平县2007年粮食总产502054吨,油料总产52706吨,蔬菜总产608857吨,瓜类总产79370吨,棉花总产5786吨,甘蔗总产1680吨,烟叶总产3565吨,水果总产7880吨。在粮食作物中,小麦总产256117吨,玉米总产201092吨,被国家确定为商品粮生产基地县。

二、耕地地力建设与改良利用

(一)耕地资源类型区改良

1. 北部山区林、牧、特、蚕、粮杂类型区

(1)土体浅薄,多含有石砾、水土流失严重,耕地少,地块小,且零星是这一区域的限制因素。应搞好封山育林,涵水保土。该区土壤虽然有很多障碍因素,不利农作物种植,但对有强大根系的木本植物的生长,用来发展林业生产比较有利。要落实好林业政策,有计划地逐区逐年进行封山育林。该区荒坡大,有利于发展畜牧业,在利用好现有草坡草场的同时,每年要有计划地引进一些高产优质牧草品种种植。加强柞坡建设搞好点橡补柞,恢复柞蚕生产。搞好蓄水保土工程建设,如山沟中整修山垱子闸沟淤地;加高地埂变坡为水平梯田,减缓地表径流;有计划地修小型蓄水工程,多拦多蓄降水,减少雨水冲刷,固定耕地,变"三跑田"为"三保田"。

(2)受气候条件限制,低温,寡照,昼夜温差大,降雨量多,作物适生期短,必须趋利避害,因地种植,大力推广间套技术,按照不同作物不同的生物学特性,科学合理搭配。玉米、小麦产量较低,但适宜水稻、红薯、土豆、花生生长。南部400米以下地区应以一年两熟为主;600米以下地区一年两熟不足,可选用早熟品种,地膜、柴草覆盖、育苗移栽等办法来调节。700~800米深山高寒区可实行一年一熟或两年三熟,种植作物以喜昼夜温差大的块根

作物为主。

（3）在技术措施方面，主要以搞好水土保持，植树种草，严禁不合理的开荒；改变科学种田技术落后局面，要增加智力投资，培训技术骨干，切实作好农技推广宣传工作。如良种、病虫防治、科学施肥等。

2. 中部垄岗黄胶土、黄老土粮油生产基地区

这一区域土壤为黄胶土和黄老土，土壤质地为重壤土，质地黏重，结构不良，耕层浅薄，肥力偏低，有障碍层次，并受侵蚀，水源缺乏，水利条件差。干旱和土壤肥力不均是主要障碍因素。

（1）要进一步平整土地，建设水平梯田。扩大自流灌溉面积，有水源的地方，要加强以打井配套为主的农田水利设施建设，提高灌溉保证率，发展以地埋管为主的高效节水灌溉。针对个别低洼易涝区域，疏通排水渠道，提高排水能力，达到旱能浇、涝能排的要求，保证粮食作物丰产丰收。

（2）合理耕作，精耕细作，逐步加深耕作层，增加土壤活土层厚度，扩大植物根系活动范围，增施有机肥和秸秆还田量，提高土壤有机质含量，提高土壤保水、保肥能力，培肥地力，为作物生长奠定丰产基础。

（3）黏重区要进行客沙改土，改良土壤黏重质地。

（4）推广以测土配方施肥为主的先进施肥技术，科学施肥，平衡施肥。提高土壤单位面积生产能力，保证粮食高产、稳产和粮食生产安全。

3. 西南部湖积平原砂姜黑土、黑老土粮油生产类型区

这一地区土壤为砂姜黑土和黑老土，有少部分的黄老土。特点是土壤质地黏重，地下水位较高，地面低平，内外排水不良，易旱易涝，通透性差，

（1）根据生产需要，改善水利设施建设，提高灌溉与排水相兼顾的灌、排条件。

（2）增施有机肥，加大秸秆还田量，培肥地力。

（3）合理施肥，增加磷、钾肥施用量，在保证尖椒生产需肥情况下，合理安排轮作种植，防止病虫害的大量发生，影响其产量和产品品质。

4. 沿河平原潮土粮、菜、棉区

该区特点地势平坦、交通方便、生产条件较好，土层厚、土质好、易耕作、灌溉条件好。

（1）扩大复种指数，提高土地利用率，挖掘土地潜力。

（2）提高科学种田技术水平，要高产、高效，走集约化经营的道路。

（3）搞好水利建设，保护水利设施，扩大水浇地面积。

（4）科学施肥，合理配比，增施有机肥。

（5）发展蔬菜及特色产业，在反季节蔬菜上大做文章，以获得更高的经济效益。

（二）中低产田改良

改造中低产田，要摸清低产原因，分析障碍因素，因地制宜采取措施去进行。

1. 中低产田类型与分布

根据中华人民共和国农业行业标准 NY/T 310—1996，结合镇平县的具体情况可将耕地障碍类型分为坡地梯改型、干旱灌溉型、障碍层次型、瘠薄培肥型。

坡地梯改型是指地表起伏不平、坡度较大、水土流失严重，必须通过修筑梯田等田间水保工程加以改良治理的坡耕地。其主导障碍因素为土壤侵蚀，以及与其相关的地形、地面坡

度、土体厚度、土体构型与物质组成、耕作熟化层厚度等。镇平县坡改梯耕地面积4999.1公顷，占总耕地面积的6.19%，占中低产田的12.0%。主要分布在高丘镇、石佛寺镇、老庄镇、玉都街道办事处等地的丘陵坡地、中低山顶部、低山丘陵的岗地顶部、上中部。

干旱灌溉型是指降雨量不足或时空分布不匀，与作物需水量不同步，缺少必要的调蓄工程，以及地形、土壤性状等原因造成的保水蓄水能力较差，不能满足作物正常生长需求，但具备进一步开发水资源的条件，如地下水源丰富、地表水源(水库、河流)补给等，可以通过工程措施打井、修建灌溉系统发展灌溉农业的耕地。干旱灌溉型耕地主要以地形部位以及浇灌条件(灌溉保证率50%以下)等指标来作为划分标准。镇平县干旱灌溉型中低产田面积5641.1公顷，占耕地面积的7.0%，占中低产田面积的13.6%。主要分布在彭营乡、枣园镇、高丘、玉都、高丘、二龙等乡(镇、街道)的岗坡地和丘陵地等。

障碍层次型是指土壤剖面构型上有严重缺陷、影响到作物的根系发育和水肥吸收的耕地。镇平县障碍层次类型有黏盘层、砂姜层、砂砾层、白土层等，面积26081.2公顷，占总耕地面积的32.3%，占中低产田面积的62.8%。主要分布在彭营乡、卢医、柳泉铺、张林、遮山、安字营等乡(镇、街道)的岗坡地和湖积平原上。

瘠薄培肥型是指受气候、地形等难以改变的大环境影响及土壤养分含量低、结构不良，抵御自然灾害的能力较弱，产量低而不稳，除采取农艺措施外，当前又无其他更好的手段在较短时间内大幅度提高作物产量的耕地。镇平县瘠薄培肥型耕地面积4794.81公顷，占总耕地面积的5.9%，占中低产田面积的11.5%。主要分布在高丘、老庄、马庄、二龙、遮山等乡(镇、街道)的低山、丘陵及岗坡地上。

2. 中低产田障碍因素分析

坡地梯改型中低产田特定的地形、地貌条件，导致坡陡沟多、土壤质地黏重、干旱瘠薄、植被稀疏、水土流失严重等多种不利因素并存。重度的地表侵蚀使耕地遭到极大的破坏，荒山秃岭、沟壑纵横、地面支离破碎，水蚀、风蚀、崩塌随处可见，大量肥沃表土随地表径流流失，加剧了土壤贫瘠化，降低了土壤保肥保水能力，影响耕地肥力的提高，只能维持低水平的农业生产。

干旱灌溉型中低产田有的土壤条件较好，养分较高，只是由于受到干旱的危害，影响作物的生长发育，作物产量低而不稳，尤其无灌溉条件的地块旱灾更加严重。该类型土壤水资源较为丰富，地势平坦，人口密集，土层深厚，土壤肥沃，光、热、水资源条件较好，有发展灌溉或完善灌溉的条件，只是由于水利工程造价高、投资大、农村经济条件差，暂时难以发展灌溉或因水利灌溉设施管理水平差，遭受人为损害，有的难以恢复；有的是地下水贫乏，发展灌溉难度大，所以降雨量不足和降雨时空分布不均，春旱、伏旱时有发生。

障碍层次型中低产田的障碍层次主要是砂姜层、黏盘层、砂砾层、砂姜层、黏盘层、白土层，总的生产特性是：质地黏重，耕作层浅薄，耕层以下便是坚硬紧实的黏盘层和砂姜层，土壤结构差，耕性不良，宜耕期短，耕地熟化程度低，有效养分含量低，农作物常出现迟发和早衰，土体水、肥、气、热不协调，微生物活动不旺盛，供肥能力差。

瘠薄培肥型主导障碍因素为土壤瘠薄，土壤养分特别是有效养分含量低，均低于全县的平均水平，土壤结构不良，蓄水保肥能力较差。瘠薄培肥型土壤主要分布在低山丘陵区，经济落后，交通不便，人少地多，耕作粗放，特别是离村较远的地块，投入少、产出也少，靠天吃饭，年降雨量左右着耕地的产量，有机肥、化肥用量少或不施肥，甚至撂荒经营，"不种千亩地,难打万斤粮"是对瘠薄培肥型中低产田的形象描写。土壤有机质低、保肥蓄水能力差、土壤干旱、水土流失等是这类型土壤的主要特征。

3. 中低产田的改良利用

改造中低产田,要根据具体情况抓住主要矛盾,消除障碍因素。认真总结过去中低产田改造经验,采取政策措施和技术措施相结合,农业措施和工程措施相配套,技术落实和物化补贴相统一的办法,做到领导重视,政府支持,资金有保障,技术有依托,使中低产田改造达到短期有改观、长期大变样的目的。

改造中低产田,要摸清低产原因,分析障碍因素,因地制宜采取措施去进行。

(1)坡地梯改型耕地改造技术。从土地的合理利用入手,以恢复植被,适应自然,建立一个合乎自然规律而又比较稳定的生态系统为目标,应采取工程措施与生物措施相结合,治标与治本相结合,做到沟坡兼治,实现经济效益与生态效益的相互统一。该类型土壤的改良主要采取以下措施:

15°以上的坡耕地要坚决退耕还林、还草,以发展草场和营造生态林,建设成土壤蓄水、水养树草、树草固土的农业生态体系。坡面在15°以下的坡地,围绕农田建设,林、草配置,沿等高线隔一定的间距,建设高标准的水平梯田或隔坡梯田,沿梯田田埂上可种植一些灌木,起到固定水土、保护田埂的作用。同时要结合小流域治理工程,打坝造地,在控制水土流失的基础上,逐步将梯田、沟坝地建成基本农田。对山谷堰滩地和岗间谷地,要加强沟头防护,搞好闸沟导流,拦水挂淤,对水冲沙压严重的地方,要控好边山渠。

新建梯田和沟坝地往往将原来的土层结构破坏,生土混入表层,影响作物生长,加快土壤的熟化和培肥才能建成高产稳产田。通过深耕深翻,加速土壤熟化,增加耕层厚度,营造一个较好的土体构型,广辟肥源,增加有机肥的施用,种植绿肥牧草,粮草轮作,肥田轮作,促进畜牧业的发展,充分发挥畜牧区的优势,增加牲畜粪肥的投入,使有机肥的施用量达到每亩1500～3000千克以上,科学使用化肥,实施平衡施肥,不断改善土壤理化性状,稳步提高作物产量。

对一些边远的劣质耕地,陡坡地实行退耕还林还草,扩大植被覆盖率,并结合工程措施整治荒山、荒坡、荒沟,营造经济林、薪炭林,解决农村贫困和能源问题。发展畜牧业,改变单一的以种植业为主的农业生产结构,改变过去散养放牧的习惯,对牲畜进行圈养,封山育林育草。农区畜牧业的发展,不仅可提高农民的经济收入,而且能为种植业提供更多的有机肥料,实现经济与生态的良性互动。

结合地形特点,修筑旱井、旱窖等集雨工程,调节降雨季节性分配不匀的问题。对作物进行补充灌溉,增强抵御旱灾的能力,通过改进良种,改进栽培措施,种植耐旱作物(豆类、马铃薯等),提高耕地综合生产能力。

(2)干旱灌溉型耕地改造技术。针对镇平县水资源利用率较低的现状,为探索农业高效用水新途径,必须坚持分区划片分类指导的原则,将节水与高效农业产业化建设结合起来,促进县域经济与生态环境的协调发展。主要内容包括:一是恢复和建立完善的排灌系统,建立合理的水价以及新的水利设施产权制度,搞好以平田整地为中心的基本农田建设,修建防渗渠道、地下管灌输水、水肥一体化等节水设施,通过深耕增施有机肥等农艺措施,改善农田保水、蓄水、供肥能力。合理进行井水灌溉和地表水的利用,利用镇平县地表水资源和地下水资源丰富的优势,发展打井灌溉、提水灌溉,不断扩大耕地灌溉面积。二是实行农艺节水技术。首先,实行节水灌溉,大幅度降低灌溉定额,利用有限的水资源尽量扩大农田灌溉面积,如滴灌技术、渗灌技术、水肥一体化技术、穴灌覆膜技术等。其次,大力推广旱作农业技术,如免耕少耕、镇压保墒、抗旱良种、抗旱制剂、地膜覆盖、提前作物播种时间,充分利用有利于作物生长的时期和气候条件,提高作物产量和品质,增加经济效益等。三是实行土壤培肥技术。通过增施有机肥、平衡施肥等措施,大量施用堆肥和厩肥,可以把作物消耗的养分归还于耕地,补充耕作生产而消耗的有机质和矿质养分,促进土壤微生物的活动和土壤结构的改善。合理施用化肥,扩大农田生态系统的物质循环,以肥促水,以水调肥,提高作物水分、养分利用效率。四是提高农田机械化作业水平。干旱灌溉型耕地地势平坦,耕性适中,适合农业机械化作业。应大力提高耕地耙耱、播种、中耕、收获的机械化水平,减轻农民的劳动强度,提高耕地的集约化程度,增加农民的种植业收入。同时机械深耕深松,有利于增加耕地的活土层厚度,增加土壤蓄水保墒能力和抗旱能力。

(3)障碍层次型耕地改造技术。镇平县最主要的土壤障碍层次是砂姜层,其次是黏盘层,根据其分布状况、障碍层厚度及埋藏深度和所处的地理位置,应采取以下措施:一是物理改良。对于砂砾层的分布区,因土体孔隙度大,通气透风,漏水漏肥,供肥能力差,因此就主攻质地改良,即沙土掺黏土,改善沙土地的沙黏比例,使沙土变黏结。二是生物改良。对于障碍层黏盘层较厚的土壤,严重影响作物根系下扎,造成作物严重低产的土壤,可作为造林牧草绿肥基地。植树时要深挖坑、挖大坑、收集地表熟土回填树坑,以利于树木根系的发展。牧草的根系下扎能力和抗逆性强,牧草种植可达到边改良、边受益的目的,利用绿肥牧草对黏盘层土壤进行熟化改造。三是耕作培肥。对于障碍层砂姜层较厚的土壤,重点培肥土壤耕作层,采取深耕深翻,加厚活土层,增施有机肥,增加耕层阳离子的代换能力,提高土壤保肥蓄水能力;在种植作物上,应选择根系下扎的作物如谷黍、棉花等。

(4)瘠薄培肥型耕地的改造。

①广辟肥源,增加有机肥和化肥的投入。土壤有机质衰竭将导致土壤结构破坏,进而导致降雨时水分的入渗和储量减少,进一步破坏植被,风蚀、水蚀加剧,生态环境恶化,最终导致产量下降。镇平县瘠薄培肥型耕地的形成就是如此,所以其改良就必须从提高土壤有机质含量入手。首先,广泛开辟肥源,堆沤肥、秸秆肥、牲畜粪肥、土杂肥等一齐上,增加有机物质的投入,有机质的提高是土壤肥料的基础,有机质的提高有利于改善土壤结构,增加土壤阳离子代换能力和土壤保肥蓄水的能力;其次,实行粮草轮作、粮(绿)肥轮作,实施绿肥压青、种养结合;第三,增加化肥投入,合理施用化肥,增加作物产量。

②建设基本农田,实行集约化经营。对于人少地多的离村庄较远的山地丘陵区,耕作粗放、广种薄收、土壤极度贫瘠的地块,在退耕还林还牧和粮草轮作的基础上,选择土地相对平整、土层较厚、质地适中、土体构型良好的耕地作为基本农田,集中人力、物力、财力,集中较多的有机肥、化肥,进行重点培肥、集约经营,用3~5年的时间,使其成为中产田,成为农民的口粮田、饲料田,其他瘠薄型耕地可作为牧草地,逐渐走农牧业相结合的道路,畜牧业的发展又为基本农田提供更多的有机肥源,促进其肥力的提高。

③推广保护性耕作技术。保护性耕作具有改善土壤结构,节时省力,减少水土流失和提高作物产量等效果。大力推广少耕、免耕技术,旱地覆膜技术,秸秆覆盖技术,充分利用天然降水,提高作物产量。

④调整种植结构与特色农产品基地建设。充分利用该类土壤无工业污染、土地资源广

阔的优势,大力发展具有地域特色的农产品。扩大种植耐瘠薄、耐干旱作物,加速小杂粮名优特色基地建设,加快农业产业化步伐,推动镇平县杂粮产业的发展。

第二节　耕地资源合理配置与农业结构调整

依据耕地地力评价结果,对镇平县农业生产概况进行了系统分析,按照县政府制订的土地利用总体规划、农业总体布局,参照镇平县土壤类型、自然生态条件、耕作制度和传统耕作习惯,在分析耕地、人口及效益的基础上,在保证粮食产量不断增加的前提下,提出镇平县农业结构的调整规划。

一、切实稳定粮食生产

镇平县是以小麦、玉米生产为主的粮食生产大县,粮食生产连续 10 年以上丰产丰收,小麦产量达到 6450 千克/公顷以上,玉米达到 7000 千克/公顷以上。为了稳定粮食生产,一是在中部重壤质土壤类型上稳定小麦和玉米种植面积,保证小麦种植面积在 75 万亩以上,玉米种植面积在 55 万亩以上。二是在国家粮种补贴的基础上,推广优质小麦和优质玉米良种的普及利用,合理布局,稳定各优良品种的集中种植,保证粮食品质的稳定提高,增加粮食生产效益。三是在国家农业综合补贴的基础上增加农业投入,加强农业生产基础建设。四是提高技术服务能力,推广农业新技术、新成果。充实壮大农业技术推广队伍,健全技术推广网络。利用多种措施加强农业、畜牧、林业、农技等技术培训宣传,提高农业从业人员的科学技术水平。

二、发展特色农业

为了进一步提高农业生产效益,增加农民收入,合理调整种植业结构,积极发展"特色农业"。一是在镇平县沿河两岸潮土发展以蔬菜生产为主的蔬菜种植,镇平县沿赵河两岸肥沃疏松的轻、中壤质土壤类型,适宜蔬菜的优质、高产,积极引进优良品种和管理、生产技术,实行连片的区域性种植,集中管理和销售,形成了有特色的农业经济生产区域。二是在镇平县北部地区形成以黑木耳、香菇为主的食用菌生产基地;南部彭营、安字营以平菇、金针菇、鸡腿菇为主。三是在中西部的张林乡建立绿色反季蔬菜生产及贾宋乡观赏植物园区带。

三、创新土地流转机制

创新土地流转经营机制,探索土地使用权流转方式,推进农业规模经营,促进农业增效、农民增收。一是依法规范操作。严格遵守并执行《中华人民共和国农村土地承包法》等法律法规,切实保障农民的土地承包权、使用权,无论何种形式的流转,都在稳定农民长期承包使用权的基础上进行。二是积极因势利导。按照"自愿、互利、共赢"的原则,积极引导农民进行土地互换,加快土地流转步伐。三是确保农民受益。在土地流转方面,把农户的利益摆在首位,最大限度地满足群众要求,切实让农民从中得到实惠,保证土地流转的顺利进行。

第三节　加强对耕地资源保护与质量提升

目前,耕地质量的主要问题是耕层变浅,结构变差,地力下降。因此,对耕地资源利用应致力于耕地质量的提升与保护。主要技术措施如下:

(1)加深耕层。由于当前旋耕较为普遍,建议每旋耕两年要深耕一次,耕深达到 20 cm 以上,或者是进行深松。疏松土壤,增加土壤的孔隙度,形成土壤水库,增强雨水渗入速度和数量避免产生地面径流,打破犁底层,熟化土壤,使耕层厚而疏松,结构良好,通气性加强,土壤中水、肥、气、热相互协调,利于种子发芽,作物根系生长好,数量多;可以掩埋有机肥料清除残茬杂草、消灭寄生在土壤中或残茬上的病虫。

(2)增施有机肥,提高土壤有机质含量。有机肥中含有农作物所需要的各种营养元素和丰富的有机质,是一种完全肥料。它施入土壤后,分解慢,肥效长,养分不易流失。

(3)秸秆还田。秸秆还田是当今世界上普遍重视的一项培肥地力的增产措施,不仅减少了秸秆焚烧所造成的大气污染,同时还有增肥增产的作用。秸秆还田能增加土壤有机质,改良土壤结构,使土壤疏松,孔隙度增加,容量减小,促进微生物活力和作物根系的发育。

(4)调整种植结构,合理轮作倒茬,种地养地相结合。在种植模式选择时,应将种植豆科作物等养地作物纳入倒茬的作物,实现种养结合。

(5)加强中低产田改造,改善农田生产条件。镇平县中低产田面积 60 万亩,是造成粮食产量低而不稳的主要原因。推广中低产田改造技术可以改善农业生产条件和生态环境,提高土地产出率。

(6)推广测土配方施肥技术。这是国际上普遍采用的科学施肥技术之一,也是近年来镇平县主要推广的平衡施肥技术,也是测土配方施肥项目的核心内容。它是以土壤测试和肥料田间试验为基础,根据作物的需肥特性、土壤的供肥能力和肥料效应,在合理施用有机肥的基础上,确定氮磷钾以及其他中微量元素的合理施肥量及施用方法,以满足作物均衡吸收各种营养,维持土壤肥力水平,减少养分流失对环境的污染,达到优质、高效、高产的目的。测土配方施肥可以提高肥料利用率。

(7)改变施肥方式,选用新型肥料,提高肥料利用率,协调土壤养分状况。根据各种肥料的特点,采取相应的施肥方法,提高肥料利用率。在施肥方法上可采用集中施肥方式推广肥料条施、沟施、穴施技术,种肥同播技术,在肥料品种利用上可推广施用复合肥、缓释肥、水溶肥等新型肥料,在施肥技术上推广水肥一体化技术等,最终达到提高肥料利用率的目标。

(8)建立耕地质量监测网点 对耕地进行实时监测。在不同的土类建立长期的地力监测网点,实时监测耕地地力变化情况,掌握养分变化规律,及时进行预警预报。

第四节　耕地质量管理

针对镇平县地理、气候、生产条件等,要获得更多的产量和效益,提高粮食综合生产能力,实现农业可持续性,就必须提高耕地质量,依法进行耕地质量管理。现就加强耕地管理提出以下对策和建议。

一、依法对耕地质量进行管理

要根据《中华人民共和国国家土地法》《基本农田保护条例》,建立严格的耕地质量保护制度,严禁破坏耕地和损害耕地质量的行为发生,建立耕地质量保护奖惩制度,完善各业用地的复耕制度,确保耕地质量安全及农业生产基础的稳定。

二、改善耕作质量

由于土地分散经营和小型农机具的连年施用,耕地犁底层上移,耕层变浅,使耕地土壤对水肥的保蓄能力下降,植物根系发展受到限制,影响作物产量的提高。倡导农户联片的耕作方式便于大型拖拉机的应用,改变犁具逐年加深耕层,改善土壤保水保肥能力,增加土壤矿质养分的转化利用能力,提高耕地基础肥力,保证耕地质量的良性循环。

三、扩大绿色食品和无公害农产品的生产规模

随着人类生活水平的提高,对食品和农产品的质量要求日渐提高。要强化防止灌溉用水及重金属垃圾对土壤的污染。严禁化肥和有害农药的超标准施用,避免残留物对土壤的污染和塑料制品对土壤的侵害,影响植物根系的发展。扩大绿色食品和无公害农产品的生产基地,使产品和食品生产有可靠的保证,用产品质量提高农业生产效益。

第二部分　镇平县耕地地力评价专题报告

第一专题　镇平县小麦适宜性研究专题报告

　　小麦是镇平县种植面积最大的粮食作物之一,每年小麦种植面积在 50000 公顷以上。但由于全县土壤质地差异大,排灌条件不一致,生产条件和土壤养分状况等不同,全县小麦单产高低不一,高产小麦产量达 550 千克/亩左右,低产小麦产量仅 250 千克/亩左右。为改变农民的传统种植习惯,加快农业结构调整步伐,变对抗性种植为适宜性种植,我们抓住镇平县被列入国家测土配方施肥项目县这一机遇,依托河南农业大学环境与资源管理学院和河南省土壤肥料站,开展了镇平县小麦适宜性专题研究。通过采用镇平县测土配方施肥项目和耕地地力评价的技术成果,从对小麦生长影响较大的土壤立地条件、剖面性状和耕层养分三个方面入手,开展小麦适宜性评价,分别划分出了高度适宜种植区、适宜种植区和勉强适宜种植区,为镇平县农业可持续发展奠定了坚实的理论基础。

一、资料的收集

　　按照《全国测土配方施肥技术规范》的要求,根据评价需要,我们进行了数据及文本资料、基础及专题图件资料、农田水利设施等相关资料的收集工作。

（一）数据及文本资料

(1)镇平县土壤资料(镇平县土肥站提供)。

(2)2007 年度、2008 年度、2009 年度镇平县土壤采集调查数据。

(3)2007 年度、2008 年度、2009 年度镇平县土壤化验数据。

(4)农业气象资料(镇平县气象局提供)。

(5)农业综合区划报告(镇平县农业局提供)。

(6)镇平县志(镇平县县志办提供)。

(7)2004～2007 年镇平县国民经济统计资料(镇平县统计局提供)。

(8)近 5 年的气象资料(镇平县气象局提供)。

(9)镇平县综合农业区划(镇平县区划办提供)。

(10)第二次土壤普查有关资料(镇平县土肥站提供)。

（二）图件资料

(1)镇平县土地利用现状图(镇平县国土局提供)。

(2)镇平县土壤图(镇平县土肥站提供)。

(3)镇平县行政区划图(镇平县民政局提供)。

(4)镇平县灌溉保证率分布图(镇平县水利局提供)。

(5)镇平县排涝能力分布图(镇平县水利局提供)。

二、建立小麦适宜性评价指标体系

综合《测土配方施肥技术规范》《耕地地力评价指南》和"县域耕地资源管理信息系统V3.2"的技术规定与要求,我们将选取评价指标、确定各评价指标权重和确定各评价指标的隶属度三项内容归纳为建立小麦适宜性评价指标体系。

(一)选取评价指标

根据重要性、稳定性、差异性、易获取性、精简性、全局性、整体性和独立性原则,结合镇平县小麦生产实际、农业生产自然条件和耕地土壤特征,组织了省、市、县土壤学、农学、农田水利学、土地资源学、土壤农业化学等多方专家,对镇平县的小麦适宜性评价指标进行逐一筛选。从农业部测土配方施肥技术规范中列举的六大类 65 个指标中结合镇平实际选取了9 项因素作为镇平县的小麦适宜性评价的参评因子,这 9 项指标分别为土壤质地、灌溉保证率、障碍层类型、障碍层位置、有效土层厚度、速效钾、有效磷、有机质、有效锌。

镇平县地貌复杂,山区、丘陵、平原各占 1/3,土壤类型较多,主要有黄褐土、砂姜黑土、黄棕壤、粗骨土、潮土、红黏土、水稻土、紫色土八大类耕作土壤,11 个亚类、17 个土属、45 个土种,其中黄褐土是镇平县的主要土壤,占总耕作土壤面积的 44.5%。同时镇平县土壤分 8 个质地,分别是松砂土、紧砂土、沙壤土、轻壤土、中壤土、重壤土、中黏土、重黏土。不同质地对小麦生长的影响非常大,所以本次评价选用了质地作为评价指标;有效土层厚度及障碍层类型、位置都会对小麦产量造成不同程度的影响,所以又选用有效土层厚度、障碍层类型、位置作为评价指标;小麦生育期内易发生旱灾,镇平县水利设施保渠程度又不相同,水分对小麦的生长发育影响较大,所以本次评价选用灌溉保证率作为评价指标;又由于小麦需肥量大,土壤养分含量高低对小麦产量影响较大,所以又选用有机质、有效磷、速效钾、有效锌 4 个养分指标作为本次评价的依据。

(二)确定各评价指标的权重

在选取的小麦适宜性评价指标中,各指标对耕地质量高低的影响程度是不相等的,为客观真实地反映各指标对小麦生长的影响程度,我们召开了专家座谈会,认真探讨各指标的重要程度,并对各指标进行打分,最后我们结合专家意见,采用层次分析方法,合理确定各评价指标的权重。

1. 建立层次结构

小麦适宜性为目标层(G 层),影响小麦适应性的立地条件、剖面性状、耕层理化为准则层(C 层),再把影响准则层中各元素的项目作为指标层(A 层)。其结构关系如图 1 所示。

2. 构造判断矩阵

专家们评估的初步结果经合适的数学处理后(包括实际计算的最终结果 – 组合权重)反馈给各位专家,请专家重新修改或确认,确定 C 层对 G 层以及 A 层对 C 层的相对重要程度,共构成 G、C1、C2、C3 4 个判断矩阵,见表 1 ~ 表 4。

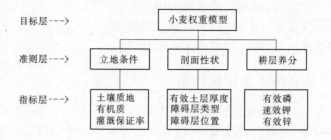

目标层--->　　　　　　　　　　　小麦权重模型

准则层--->　　　立地条件　　　　剖面性状　　　　耕层养分

指标层--->　　　土壤质地　　　有效土层厚度　　　有效磷
　　　　　　　　有机质　　　　障碍层类型　　　　速效钾
　　　　　　　　灌溉保证率　　　障碍层位置　　　有效锌

图 1　小麦适宜性影响因素层次结构

表 1　目标层 G 判别矩阵

项目	C1	C2	C3
立地条件 C1	1.0000	1.3125	1.6155
剖面性状 C2	0.7619	1.0000	1.2308
耕层养分 C3	0.6190	0.8125	1.0000

表 2　立地条件 C1 判别矩阵

项目	A1	A2	A3
质地 A1	1.0000	1.0589	1.2000
有机质 A2	0.9444	1.0000	1.1333
灌溉保证率 A3	0.8333	0.8824	1.0000

表 3　剖面性状 C2 判别矩阵

项目	A4	A5	A6
有效土层厚 A4	1.0000	1.4999	1.7999
障碍层类型 A5	0.6667	1.0000	1.2000
障碍层位置 A6	0.5556	0.8333	1.0000

表 4　理化性状 C3 判别矩阵

项目	A7	A8	A9
有效磷 A7	1.0000	0.8889	2.6667
速效钾 A8	1.1250	1.0000	3.0003
有效锌 A9	0.3750	0.3333	1.0000

3. 层次单排序及一致性检验

权数值及一致性检验结果见表 5。

表 5　权数值及一致性检验结果

矩阵	特征向量			$\lambda_{\max}$	CI	CR
G	0.4200	0.3200	0.2600	3.0000	$2.20850369259118 \times 10^{-6}$	0.00000381
C1	0.3600	0.3400	0.3000	3.0000	$1.51325519670564 \times 10^{-6}$	0.00000261
C2	0.4500	0.3000	0.2500	3.0000	$-5.37169207048827 \times 10^{-6}$	0.00000926
C3	0.4000	0.4500	0.1500	3.0000	$4.1655439859678 \times 10^{-6}$	0.00000718

从表中可以看出,$CR < 0.1$,具有很好的一致性。

4. 层次总排序及一致性检验

计算同一层次所有因素对于最高层相对重要性的排序权值,称为层次总排序,这一过程是最高层次到最低层次逐层进行的。层次总排序结果见表 6。

表 6　层次分析结果

层次 A	立地条件 0.4200	剖面性状 0.3200	耕层养分 0.2600	组合权重 $\sum C_i A_i$
土壤质地	0.3600			0.1512
有机质	0.3400			0.1428
灌溉保证率	0.3000			0.1260
有效土层厚度		0.4500		0.1440
障碍层类型		0.3000		0.0960
障碍层位置		0.2500		0.0800
有效磷			0.4000	0.1040
速效钾			0.4500	0.1170
有效锌			0.1500	0.0390

经层次总排序,并进行一致性检验,结果为 $CI = -3.5622350158599 \times 10^{-10}$,$CR = 0.0000 < 0.1$,认为层次总排序结果具有满意的一致性,否则需要重新调整判断矩阵的元素取值,最后计算得到各因子的权重见表 7。

表 7　各评价因子的权重

评价因子	土壤质地	有机质	灌溉保证率	有效土层厚度	障碍层类型	障碍层位置	有效磷	速效钾	有效锌
权重	0.1512	0.1428	0.126	0.144	0.096	0.08	0.104	0.17	0.039

(三)确定各评价指标的隶属度

对土壤质地、灌溉保证率等概念型定性因子采用专家打分法,经过归纳、反馈,逐步收缩、集中,最后产生获得相应的隶属度。而对有机质、有效磷、速效钾等定量因子则采用 DELPHI 法根据一组分布均匀的实测值评估出对应的一组隶属度,然后在计算机中绘制这两组数值的散点图,再根据散点图进行曲线模拟,寻求参评因素实际值与隶属度关系方程从而建立起隶属函数。参评因素的隶属度见表 8-2 ~ 表 13。

表 8 镇平小麦适宜性评价隶属函数模型

函数类型	项目	a 值	b 值	c 值	u_t 值
戒上型	速效钾	0.003130	0	132.7332	10
戒上型	有机质	0.012231	0	20.69145	3
戒上型	有效磷	0.003555	0	28.53124	5
戒上型	有效锌	1.409595	0	1.610776	0.0001

表 9 镇平县小麦适宜性评价灌溉保证率隶属度

隶属度	描述
0.2	灌溉保证率 = 15
0.63	灌溉保证率 = 55
0.81	灌溉保证率 = 75
1	灌溉保证率 = 95

表 10 镇平县小麦适宜性评价有效土厚度隶属度

隶属度	描述
0.41	有效土厚度 < 40
0.69	有效土厚度 ≤ 70 且有效土厚度 > 40
0.85	有效土厚度 < 100 且有效土厚度 ≥ 70
1	有效土厚度 ≥ 100

表 11 镇平县小麦适宜性评价障碍层类型隶属度

隶属度	描述
0.43	障碍层类型 = 白土层
0.55	障碍层类型 = 黏盘层
0.62	障碍层类型 = 砂砾层
0.70	障碍层类型 = 沙姜层
0.83	障碍层类型 = 潜育层
1	障碍层类型 = 无

表 12　镇平县小麦适宜性评价障碍层位置隶属度

隶属度	描述
0.36	障碍层位置 < 30
0.61	障碍层位置 ≥ 30 且障碍层位置 < 50
0.76	障碍层位置 < 70 且障碍层位置 ≥ 50
0.91	障碍层位置 ≥ 70 且障碍层位置 < 300
1	障碍层位置 = 300

表 13　镇平县小麦适宜性评价质地隶属度

隶属度	描述
0.20	质地 = 松砂土
0.31	质地 = 紧砂土
0.50	质地 = 沙壤土
0.70	质地 = 中黏土
0.80	质地 = 轻壤土
0.85	质地 = 重黏土
0.96	质地 = 中壤土
1	质地 = 重壤土

本次镇平县小麦适宜性评价,通过模拟得到有机质、有效磷、速效钾、有效锌属于戒上型隶属函数,然后根据隶属函数计算各参评因素的单因素评价评语。以有机质为例,模拟曲线如图 2 所示。

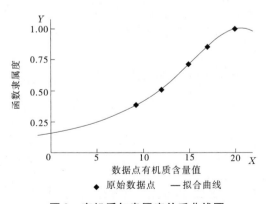

图 2　有机质与隶属度关系曲线图

其隶属函数为戒上型,形式为

$$y = \begin{cases} 0 & x \leqslant x_t \\ 1/[1 + A(x - C)^2] & x_t < x < c \\ 1 & c \leqslant x \end{cases}$$

各参评因素类型及其隶属函数如表 14 所示

表 14　定量因子隶属度函数模型

函数类型	参评因素	隶属函数	a	c	u_t
戒上型	有效锌(毫克/千克)	$Y = 1/[1 + A(x - C)^2]$	1.409595	1.610776	0.01
戒上型	速效钾(千克)	$Y = 1/[1 + A(x - C)^2]$	0.000313	132.733227	10
戒上型	有效磷(千克)	$Y = 1/[1 + A(x - C)^2]$	0.0035550	28.531245	5
戒上型	有机质(克/千克)	$Y = 1/[1 + A(x - C)^2]$	0.0122231	20.69145	3

(四)确定最佳的耕地地力等级数目

根据综合指数的变化规律,在耕地资源管理系统中采用累积曲线分级法进行评价,根据曲线斜率的突变点(拐点)来确定等级的数目和划分综合指数的临界点,将镇平县小麦适宜性评价共划分为三级,各等级综合指数如表 15、图 3 所示。

表 15　镇平县小麦适宜性评价等级综合指数

IFI	0.8680 ~ 1.0000	0.5760 ~ 0.8680	0.4420 ~ 0.5760	0.2460 ~ 0.4420
小麦适宜性等级	高度适宜	适宜	勉强适宜	不适宜

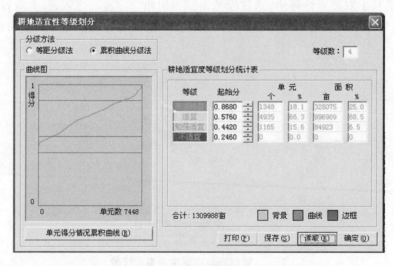

图 3　综合指数分布图

三、评价结果

（一）小麦适宜性种植区的面积与分布

全县耕地面积 80752.64 公顷（见表 16），其中小麦高度适宜种植区面积 20223.95 公顷，占总耕地面积的 25%；小麦适宜种植区面积 55293.72 公顷，占总耕地面积的 68.5%；小麦勉强适宜种植区面积 5234.97 公顷，占总耕地面积的 6.5%。小麦高度适宜种植区除二龙乡外均有分布，主要分布在张林乡、贾宋镇、安字营乡、晁陂镇、杨营镇、曲屯镇、侯集镇、马庄

表 16　各乡（镇、街道）小麦适应性种植区的分布　　　　（单位：公顷）

乡（镇、街道）	高度适宜	适宜	勉强适宜	总计
安字营乡	2441.52	2805.65		5247.17
晁陂镇	1893.69	1082.62		2976.31
二龙乡		376.32	841.21	1217.53
高丘镇	183.75	4582.27	1938.02	6704.04
郭庄回族乡	357.14	873.30		1230.44
侯集镇	1356.16	3494.12		4850.28
贾宋镇	2631.37	1070.82		3702.19
老庄镇	1.11	2949.15	1042.6	3992.86
柳泉铺乡	656.34	3563.89	4.03	4224.26
卢医镇	693.95	3067.49	48.01	3809.45
马庄乡	1228.03	1612.21		2840.24
涅阳街道	21.05	16.49		37.54
彭营乡	314.41	5033.56	12.71	5360.68
曲屯镇	1529.34	2086.97		3616.31
石佛寺镇	318.05	3369.15	812.26	4499.46
王岗乡	130.75	2396.1	253.72	2780.57
雪枫街道	517.78	1453.38		1971.16
杨营镇	1674.63	2217.32		3891.95
玉都街道	166.68	3038.37	151.53	3356.58
枣园镇	221.72	4153.74		4375.46
张林乡	3881.59	2488.98		6370.57
遮山镇	4.89	3561.82	130.88	3697.59
总计	20223.95	55293.72	5234.97	80752.64

乡等八个乡(镇),累计面积为16636.33公顷,占全县小麦高度适宜种植区面积的82.26%。小麦适宜种植区全县各乡(镇、街道)均有分布,主要分布在彭营乡、高丘镇、枣园镇、柳泉铺乡、石佛寺镇、侯集镇、卢医镇、遮山镇、玉都街道办事处等,其中面积在5000公顷左右的是彭营乡、高丘镇、枣园镇。小麦勉强适宜种植区主要分布在高丘镇、老庄镇、石佛寺镇、二龙乡、王岗乡,累计面积为4887.81公顷,占小麦勉强适宜种植区面积的93.37%。镇平县小麦适宜性评价分布见图4。

图4　镇平县小麦适宜性评价分布图

(二)小麦适宜性种植区的特点

从表17可以看出,小麦高度适宜种植区灌溉保证率均在55%以上,其中灌溉保证率在95%以上的面积最大为14741.48公顷,占小麦高度适宜种植区面积的72.9%。小麦适宜种植区灌溉保证率各级别都有,说明小麦适宜种植区有一定程度的灌溉条件。小麦勉强适宜种植区灌溉保证率均在15%以下,说明小麦勉强适宜种植区的灌溉条件很差。

表 17　小麦适宜性种植区灌溉保证率特点　　　　　　　（单位：公顷）

灌溉保证率(%)	高度适宜	适宜	勉强适宜	总计
15		16076.73	5234.97	21311.70
55	3062.44	15626.00		18688.44
75	2420.03	11391.87		13811.9
95	14741.48	12199.12		26940.6
总计	20223.95	55293.72	5234.97	80752.64

从表 18 可以看出,小麦高度适宜种植区的质地为中壤土、重壤土和重黏土,其中重壤土面积最大。小麦适宜种植区的质地较多,包含镇平县所有质地,其中面积较大的质地为重黏土。小麦勉强适宜种植区的质地主要有松砂土、紧砂土等,两项合计面积为 4678.93 公顷,占小麦勉强适宜种植区面积的 89.38%。

表 18　小麦适宜性种植区质地特点　　　　　　　（单位：公顷）

质地	高度适宜	适宜	勉强适宜	总计
紧砂土		1821.86	2204.08	4025.94
轻壤土		1209.04	2.29	1211.33
沙壤土		1059.64	82.34	1141.98
松砂土		755.84	2474.85	3230.69
中黏土		1403.52	283.08	1686.60
中壤土	7665.39	10712.22		18377.61
重黏土	1801.73	27336.11	188.33	29326.17
重壤土	10756.83	10995.49		21752.32
总计	20223.95	55293.72	5234.97	80752.64

从表 19 可以看出,小麦高度适宜种植区耕层养分含量丰富,小麦适宜种植区耕层养分含量较为丰富,小麦勉强适宜种植区耕层养分含量处于较低水平。

1. 小麦高度适宜种植区

小麦高度适宜种植区 20223.95 公顷,占总耕地面积的 25%。除小麦高度适宜种植区二龙乡外,其余乡(镇、街道)均有分布。主要分布在张林乡、贾宋镇、安字营乡、晁陂镇、杨营镇、曲屯镇、侯集镇、马庄乡等八个乡(镇),累计面积为 16636.33 公顷,占全县小麦高度适宜种植区面积的 82.26%。面积最小的是老庄镇,其面积为 1.11 公顷,仅占小麦高度适宜种植区面积的 0.05%。质地为中壤土、重壤土和重黏土,面积分别为 7665.39 公顷、10756公顷、83 公顷、1801.73 公顷,占高度适宜种植区的 37.9%、53.2%、8.9%。这些质地理化性状较好,养分含量较高,并且该区域农田基本设施配套,灌排条件较好,利于小麦的栽培种植。该区域土壤化验结果平均为有机质 17.00 克/千克,全氮 1.04 克/千克,有效磷 18.68毫克/千克,速效钾 119.5 毫克/千克,pH 为 6.9,有效铁 26.51 克/千克,有效锰 42.66 毫克/千克,有效锌0.93毫克/千克,有效铜1.74毫克/千克,有效硫21.38毫克/千克,水溶态硼0.29毫克/千克。

表19　小麦适宜性种植区养分含量特点

项目	高度适宜 平均值	适宜 平均值	勉强适宜 平均值
有机质(克/千克)	17.00	15.07	13.17
全氮(克/千克)	1.04	0.96	0.84
有效磷(毫克/千克)	18.68	14.23	12.41
缓效钾(毫克/千克)	657.38	648.57	758.47
速效钾(毫克/千克)	119.51	108.59	90.53
有效铁(毫克/千克)	26.51	23.52	27.38
有效锰(毫克/千克)	42.66	38.49	41.18
有效铜(毫克/千克)	1.74	1.60	1.79
有效锌(毫克/千克)	0.93	1.00	1.29
有效硫(毫克/千克)	21.38	20.80	20.41
水溶态硼(毫克/千克)	0.29	0.26	0.28

2. 小麦适宜种植区

小麦适宜种植区面积55293.72公顷,占总耕地面积的68.5%。全县22个乡(镇)及街道办事处均有分布,但主要分布在彭营乡、高丘镇、枣园镇、柳泉铺乡、石佛寺镇、侯集镇、卢医镇、遮山镇、玉都街道办事处等地,其面积分别为5033.56公顷、4582.27公顷、4153.74公顷、3563.89公顷、3369.15公顷、3494.12公顷、3067.49公顷、3561.82公顷、3038.37公顷,分别占小麦适宜种植区面积的9.1%、8.29%、7.51%、6.45%、6.09%、6.32%、5.55%、6.44%、5.49%。土壤质地主要是重黏土、中壤土、重壤土和紧砂土,其面积分别为27336.11公顷、10712.22公顷、10995.49公顷、1821.86公顷,分别占适宜种植区面积的49.44%、19.37%、19.89%、3.29%。面积最小的是松砂土仅占适宜区面积的1.37%。该区土质较好,养分含量较高,并且该区域农田基本设施配套,灌排条件较好,利于小麦的栽培种植,但各项指标稍低于高度适宜种植区。该区域土壤化验结果平均为有机质15.07克/千克,全氮0.96克/千克,有效磷14.23毫克/千克,速效钾108.59毫克/千克,pH为6.9,有效铁23.52毫克/千克,有效锰38.49毫克/千克,有效锌1.00毫克/千克,有效铜1.60毫克/千克,有效硫20.80毫克/千克,水溶态硼0.26毫克/千克。

3. 小麦勉强适宜种植区

小麦勉强适宜种植区面积5234.97公顷,占总耕地面积的6.5%。主要分布在高丘镇、老庄镇、石佛寺镇、二龙乡、王岗乡等五个乡(镇),其面积分别1938.02公顷、1042.6公顷、812.26公顷、841.21公顷、253.72公顷,分别占小麦勉强适宜种植面积的37.02%、19.92%、15.52%、16.07%、4.85%。小麦勉强适宜种植区质地以主要有松砂土、紧砂土为主,两项合计面积为4678.93公顷,占小麦勉强适宜种植区面积的89.38%。该区域土壤肥力较低,一般无灌溉条件。土壤化验结果平均为有机质 13.17 克/千克,全氮 0.84 克/千克,有效磷 12.41 毫克/千克,速效钾 90.53 毫克/千克,pH 为 6.9,有效铁 27.38 毫克/千克,有效锰 41.18 毫克/千克,有效锌 1.29 毫克/千克,有效铜 1.79 毫克/千克,有效硫 20.41 毫克/千克,水溶态硼 0.28 毫克/千克。

(三)建议

通过对小麦适宜性种植的综合评价,我们在指导小麦种植方面将有的放矢,建议在小麦高度适宜种植区要大力扩大小麦种植面积;在小麦适宜种植区要维持现有小麦种植面积;在小麦勉强适宜种植区要逐步减少小麦种植面积,扩大其他适宜性比较强的作物种植面积。

第二专题　镇平县玉米适宜性研究专题报告

　　玉米是镇平县仅次于小麦的一种重要的粮食作物,全县常年播种面积达 55 万亩左右,但由于土壤质地不同,排灌条件不一,土壤养分状况也不尽相同,全县玉米产量差异较大,高产玉米亩产量达 650 千克左右,低产玉米亩产量仅 300 千克左右。为改变农民的传统种植习惯,加快农业结构调整步伐,变对抗性种植为适宜性种植,我们抓住镇平被列入国家测土配方施肥项目县这一机遇,依托河南农业大学环境与资源管理学院和河南省土壤肥料站,开展了镇平县玉米适宜性专题研究。通过采用镇平县测土配方施肥项目和耕地地力评价的技术成果,从对玉米生长影响较大的土壤立地条件、剖面性状、耕层养分三个方面入手,开展玉米适宜性评价,分别划分出了高度适宜种植区、适宜种植区和勉强适宜种植区,为镇平县农业可持续发展奠定了坚实的理论基础。

一、资料的收集

　　按照《全国测土配方施肥技术规范》的要求,根据评价需要,我们进行了数据及文本资料、基础及专题图件资料、农田水利设施等相关资料的收集工作。

(一)数据及文本资料

　　(1)镇平县土壤资料(镇平县土肥站提供)。

　　(2)2007 年度、2008 年度、2009 年度镇平县土壤采集调查数据。

　　(3)2007 年度、2008 年度、2009 年度镇平县土壤化验数据。

　　(4)农业气象资料(镇平县气象局提供)。

　　(5)农业综合区划报告(镇平县农业局提供)。

　　(6)镇平县志(镇平县县志办提供)。

　　(7)2004～2007 年镇平县国民经济统计资料(镇平县统计局提供)。

　　(8)近五年的气象资料(镇平县气象局提供)。

　　(9)镇平县综合农业区划(镇平县区划办提供)。

　　(10)第二次土壤普查有关资料(镇平县土肥站提供)。

(二)图件资料

　　(1)镇平县土地利用现状图(镇平县国土局提供)。

　　(2)镇平县土壤图(镇平县土肥站提供)。

　　(3)镇平县行政区划图(镇平县民政局提供)。

　　(4)镇平县灌溉保证率分布图(镇平县水利局提供)。

　　(5)镇平县排涝能力分布图(镇平县水利局提供)。

二、建立玉米适宜性评价指标体系

　　综合《测土配方施肥技术规范》《耕地地力评价指南》和"县域耕地资源管理信息系统V3.2"的技术规定与要求,我们将选取评价指标、确定各评价指标的权重和确定各评价指标的隶属度三项内容归纳为建立玉米适宜性评价指标体系。

（一）选取评价指标

根据重要性、稳定性、差异性、易获取性、精简性、全局性、整体性和独立性原则,结合镇平县玉米生产实际、农业生产自然条件和耕地土壤特征,组织了省、市、县土壤学、农学、农田水利学、土地资源学、土壤农业化学等多方专家,对镇平县的玉米适宜性评价指标进行逐一筛选。从农业部测土配方施肥技术规范中列举的六大类65个指标中结合镇平县实际选取了10项因素作为玉米适宜性评价的参评因子,这10项指标分别为土壤质地、灌溉保证率、排涝能力、障碍层类型、障碍层位置、有效土层厚度、速效钾、有效磷、有机质、有效锌。

镇平县位于河南省西南部南阳盆地西北部,山区、丘陵、平原各占1/3,土壤类型较复杂,主要有黄褐土、砂姜黑土、黄棕壤、粗骨土、潮土、红黏土、水稻土、紫色土八大类耕作土壤,11个亚类17个土属45个土种,其中黄褐土是镇平县的主要土壤,占总耕作土壤面积的44.5%。同时,镇平县土壤分8个质地,分别是松砂土、紧砂土、沙壤土、轻壤土、中壤土、重壤土、中黏土、重黏土。不同质地对玉米生长的影响非常大,所以本次评价选用了质地作为评价指标;有效土层厚度及障碍层类型、位置都会对玉米产量造成不同程度的影响,所以又选用有效土层厚度、障碍层类型、位置作为评价指标;玉米生育期内易发生旱灾和雨涝灾害,镇平县水利设施和排涝能力又不尽相同,水分对玉米的生长发育影响较大,所以本次评价选用灌溉保证率和排涝能力作为评价指标;又由于玉米需肥量大,土壤养分含量高低,对玉米产量影响较大,所以又选用有机质、有效磷、速效钾、有效锌4个养分指标作为本次评价的依据。

（二）确定各评价指标的权重

在选取的玉米适宜性评价指标中,各指标对耕地质量高低的影响程度是不相等的,为客观真实地反映各指标对玉米生长的影响程度,我们召开了专家座谈会,认真探讨各指标的重要程度,并对各指标进行打分,最后结合专家意见,采用层次分析方法,合理确定各评价指标的权重。

1.建立层次结构

玉米适宜性为目标层(G层),影响玉米适宜性的立地条件、剖面性状、土壤管理、耕层理化性状为准则层(C层),再把影响准则层中各元素的项目作为指标层(A层)。其结构关系如图1所示。

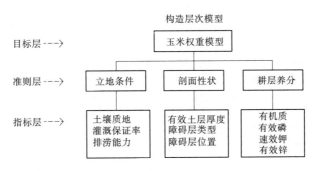

图1　玉米适宜性影响因素层次结构

2.构造判断矩阵

专家们评估的初步结果经合适的数学处理后(包括实际计算的最终结果－组合权重)

反馈给各位专家,请专家重新修改或确认,确定 C 层对 G 层以及 A 层对 C 层的相对重要程度,共构成 G、C₁、C₂、C₃ 共 4 个判断矩阵,见表 1 ~ 表 4。

表 1　目标层 G 判别矩阵

项目	C1	C2	C3
立地条件 C1	1.0000	1.3103	1.1515
剖面性状 C2	0.7632	1.0000	0.8788
耕层养分 C3	0.8684	1.1379	1.0000

表 2　立地条件 C1 判别矩阵

项目	A1	A2	A3
土壤质地 A1	1.0000	1.4643	1.3226
灌溉保证率 A2	0.6829	1.0000	0.9033
排涝能力 A3	0.7561	1.1071	1.0000

表 3　剖面性状 C2 判别矩阵

项目	A4	A5	A6
有效土层厚 A4	1.0000	1.1515	1.3103
障碍层类型 A5	0.8684	1.0000	1.1379
障碍层位置 A6	0.7632	0.8788	1.0000

表 4　理化性状 C3 判别矩阵

项目	A7	A8	A9	A10
有机质 A7	1.0000	1.4999	1.6958	3.2499
有效磷 A8	0.6667	1.0000	1.1305	2.1668
速效钾 A9	0.5897	0.8846	1.0000	1.9168
有效锌 A10	0.3077	0.4615	0.5217	1.0000

3.层次单排序及一致性检验

层次单排序及一致性检验见表 5。

表 5　权数值及一致性检验结果

矩阵	特征向量				λ_{max}	CI	CR
G	0.3800	0.2900	0.3300		3.0000	$-4.98667791148932 \times 10^{-6}$	0.00000860
C1	0.4100	0.2800	0.3100		3.0000	$5.29359204048951 \times 10^{-6}$	0.00000913
C2	0.3800	0.3300	0.2900		3.0000	$-4.98667791148932 \times 10^{-6}$	0.00000860
C3	0.3900	0.2600	0.2300	0.1200	4.0000	$3.24257107386927 \times 10^{-7}$	0.00000036

从表中可以看出,$CR < 0.1$,具有很好的一致性。

4. 层次总排序及一致性检验

计算同一层次所有因素对于最高层相对重要性的排序权值,称为层次总排序,这一过程是最高层次到最低层次逐层进行的。层次总排序结果见表6。

表6　层次分析结果

层次 A	立地条件 0.3800	剖面性状 0.2900	耕层养分 0.3300	组合权重 $\sum C_i A_i$
土壤质地	0.4100			0.1558
灌溉保证率	0.2800			0.1064
排涝能力	0.3100			0.1178
有效土层厚度		0.3800		0.1102
障碍层类型		0.3300		0.0957
障碍层位置		0.2900		0.0841
有机质			0.3900	0.1287
有效磷			0.2600	0.0858
速效钾			0.2300	0.0759
有效锌			0.1200	0.0396

经层次总排序,并进行一致性检验,结果为 CI = $6.72369744930533 \times 10^{-7}$, CR = 0.00000098 < 0.1,认为层次总排序结果具有满意的一致性,否则需要重新调整判断矩阵的元素取值,最后计算得到各因子的权重见表7。

表7　各评价因子的权重

评价因子	土壤质地	灌溉保证率	排涝能力	有效土层厚度	障碍层类型	障碍层位置	有机质	有效磷	速效钾	有效锌
权重	0.1558	0.1064	0.1178	0.1102	0.0957	0.0841	0.1287	0.0858	0.0759	0.0396

(三)确定各评价指标的隶属度

对质地、灌溉保证率、排涝能力等概念型定性因子采用专家打分法,经过归纳、反馈、逐步收缩、集中,最后产生获得相应的隶属度。而对有机质、有效磷、速效钾、有效锌等定量因子则采用 DELPHI 法,根据一组分布均匀的实测值评估出对应的一组隶属度,然后在计算机中绘制这两组数值的散点图,再根据散点图进行曲线模拟,寻求参评因素实际值与隶属度关系方程从而建立起隶属函数。参评因素的隶属度如表8~表14所示。

表8　镇平玉米适宜性评价隶属函数模型

函数类型	项目	a 值	b 值	c 值	u_t 值
戒上型	速效钾	0.003130	0	132.7332	10
戒上型	有机质	0.012231	0	20.69145	3
戒上型	有效磷	0.003555	0	28.53124	5
戒上型	有效锌	1.409595	0	1.610776	0.0001

表 9 镇平县玉米适宜性评价灌溉保证率隶属度

隶属度	描述
0.2	灌溉保证率 = 15
0.63	灌溉保证率 = 55
0.81	灌溉保证率 = 75
1	灌溉保证率 = 95

表 10 镇平县玉米适宜性评价排涝能力隶属度

隶属度	描述
0.46	排涝能力 = 3
0.71	排涝能力 = 5
1	排涝能力 = 10

表 11 镇平县玉米适宜性评价有效土厚度隶属度

隶属度	描述
0.41	有效土厚度 < 40
0.69	有效土厚度 ≤ 70 且效土厚度 > 40
0.85	有效土厚度 < 100 且有效土厚度 ≥ 70
1	有效土厚度 ≥ 100

表 12 镇平县玉米适宜性评价障碍层类型隶属度

隶属度	描述
0.43	障碍层类型 = 白土层
0.55	障碍层类型 = 黏盘层
0.62	障碍层类型 = 砂砾层
0.70	障碍层类型 = 砂姜层
0.83	障碍层类型 = 潜育层
1	障碍层类 = 无

表 13 镇平县玉米适宜性评价障碍层位置隶属度

隶属度	描述
0.36	障碍层位置 < 30
0.61	障碍层位置 ≥ 30 且障碍层位置 < 50
0.76	障碍层位置 < 70 且障碍层位置 ≥ 50
0.91	障碍层位置 ≥ 70 且障碍层位置 < 300
1	障碍层位置 = 300

表 14　镇平县玉米适宜性评价质地隶属度

隶属度	描述
0.20	质地 = 松砂土
0.31	质地 = 紧砂土
0.50	质地 = 沙壤土
0.70	质地 = 中黏土
0.80	质地 = 轻壤土
0.85	质地 = 重黏土
0.96	质地 = 中壤土
1	质地 = 重壤土

本次镇平县玉米适宜性评价,通过模拟得到有机质、有效磷、速效钾属于戒上型隶属函数,然后根据隶属函数计算各参评因素的单因素评价评语。以有机质为例,模拟曲线如图2所示。

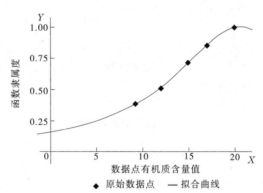

图 2　有机质与隶属度关系曲线图

其隶属函数为戒上型,形式为

$$y = \begin{cases} 0 & x \leqslant x_t \\ 1/[1 + A(x - C)^2] & x_t < x < c \\ 1 & x \geqslant c \end{cases}$$

各参评因素类型及其隶属函数如表 15 所示。

表 15　定量因子隶属度函数模型

函数类型	项目	a 值	b 值	c 值	u_t 值
戒上型	有效锌(毫克/千克)	$Y = 1/[1 + A(x - C)^2]$	1.409595	1.610776	0.01
戒上型	速效钾(毫克/千克)	$Y = 1/[1 + A(x - C)^2]$	0.000313	132.733227	10
戒上型	有效磷(毫克/千克)	$Y = 1/[1 + A(x - C)^2]$	0.0035550	28.531245	5
戒上型	有机质(克/千克)	$Y = 1/[1 + A(x - C)^2]$	0.0122231	20.69145	3

（四）确定最佳的耕地地力等级数目

根据综合指数的变化规律,在耕地资源管理系统中我们采用累积曲线分级法进行评价,根据曲线斜率的突变点(拐点)来确定等级的数目和划分综合指数的临界点,将镇平县玉米适宜性评价共划分为三级,各等级综合指数如表16、图3所示。

表16　镇平县玉米适宜性评价等级综合指数

IFI	0.8620 ~ 1.0000	0.6100 ~ 0.8620	0.2500 ~ 0.6100	0.0000 ~ 0.2500
玉米适宜性等级	高度适宜	适宜	勉强适宜	不适宜

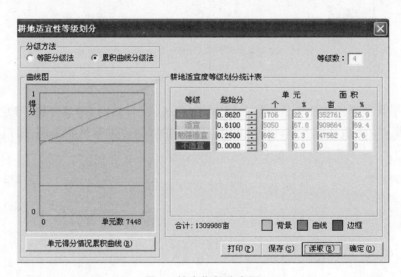

图3　综合指数分布图

三、评价结果

（一）玉米适宜性种植区的面积与分布

全县耕地面积80752.64公顷,其中玉米高度适宜种植区21745.57公顷,占全县耕地面积的26.9%;玉米适宜种植区56075.1公顷,占全县耕地面积的69.4%;玉米勉强适宜种植区2931.97公顷,占全县耕地面积的3.7%。玉米高度适宜种植区除二龙乡外各乡(镇)均有分布,面积较大的乡(镇)为张林乡、贾宋镇、晁陂镇、曲屯镇、杨营乡、石佛寺镇、马庄乡、侯集镇、枣园镇。玉米适宜种植区各乡(镇)均有分布,面积较大的乡(镇)为安字营乡、彭营乡、高丘镇、侯集镇、老庄镇、柳泉铺乡、枣园镇、遮山镇。玉米勉强适宜种植区主要分布在高丘镇、二龙乡、石佛寺镇、王岗乡。各乡(镇、街道)玉米适宜性种植区的分布见表17、图4。

表17　各乡(镇、街道)玉米适宜性种植区的分布　　　　　　　(单位:公顷)

乡(镇、街道)	高度适宜面积	适宜面积	勉强适宜面积	总计
安字营乡	157.61	5089.56		5247.17
晁陂镇	2192.18	784.13		2976.31
二龙乡		771.49	446.04	1217.53
高丘镇	339.41	4952.36	1412.27	6704.04

乡(镇、街道)	高度适宜面积	适宜面积	勉强适宜面积	总计
郭庄回族乡	357.14	873.30		1230.44
侯集镇	1166.18	3684.10		4850.28
贾宋镇	2573.27	1128.92		3702.19
老庄镇	239.50	3275.36	478	3992.86
柳泉铺乡	991.79	3232.47		4224.26
卢医镇	947.24	2862.21		3809.45
马庄乡	1277.73	1562.51		2840.24
涅阳街道	21.46	16.08		37.54
彭营乡	139.16	5211.25	10.27	5360.68
曲屯镇	1903.61	1712.70		3616.31
石佛寺镇	1268.84	2852.68	377.94	4499.46
王岗乡	169.40	2438.22	172.95	2780.57
雪枫街道	513.76	1457.40		1971.16
杨营镇	1672.57	2219.38		3891.95
玉都街道	365.87	2969.19	21.52	3356.58
枣园镇	1080.87	3294.59		4375.46
张林乡	3881.59	2488.98		6370.57
遮山镇	486.39	3198.22	12.98	3697.59
总计	21745.57	56075.0	2931.97	80752.64

(二)玉米适宜性种植区的不同质地分布

玉米适宜性种植区质地面积分布见表 18。

表 18　玉米适宜性种植区质地面积分布　　　　　　　　　　（单位:公顷）

质地	高度适宜面积	勉强适宜面积	适宜面积	总计面积
紧砂土		975.05	3050.89	4025.94
轻壤土			1211.33	1211.33
沙壤土			1141.98	1141.98
松砂土		1804.04	1426.65	3230.69
中黏土		123.48	1563.12	1686.60
中壤土	8941.52		9436.09	18377.61
重黏土	32.23	29.4	29264.54	29326.17
重壤土	12771.82		8980.5	21752.32
总计	21745.57	2931.97	56075.0	80752.64

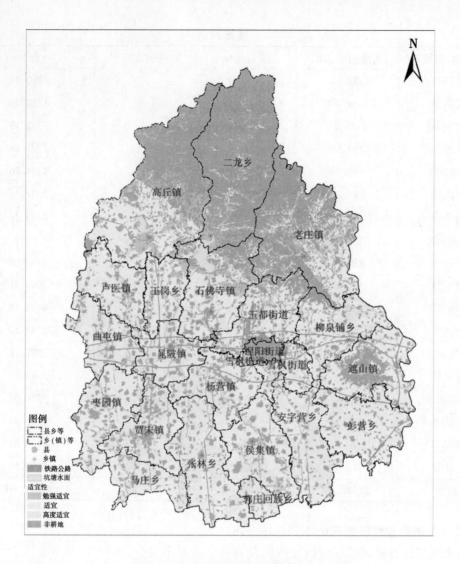

图4 镇平县玉米适宜性评价分布图

从表18可以看出，玉米高度适宜种植区的质地为中壤土、重壤土，两项合计面积为21713.34公顷，占小麦高度适宜种植区面积的99.85%。玉米适宜种植区的质地较多，包含镇平县所有质地，其中面积较大的质地为重黏土。玉米勉强适宜种植区的质地主要有松砂土、紧砂土等，两项合计面积为2779.09公顷，占玉米勉强适宜种植区面积的94.79%。

玉米适宜性种植区的灌溉保证率分布特点见表19。从表19可以看出，玉米高度适宜种植区灌溉保证率均主要在55%以上，其中灌溉保证率在95%以上的面积最大为13710.27公顷，占玉米高度适宜种植区面积的63%，说明玉米高度适宜种植区灌溉条件优越。玉米适宜种植区灌溉保证率各级别都有，说明玉米适宜种植区有一定程度的灌溉条件。玉米勉强适宜种植区灌溉保证率均主要在15%以下，说明玉米勉强适宜种植区的灌溉条件很差。

表 19　玉米适宜性种植区的灌溉保证率分布特点　　　（单位：公顷）

灌溉保证率	高度适宜面积	勉强适宜面积	适宜面积	总计
15	34.95	2908.99	18367.76	21311.70
55	4570.55	22.98	14094.91	18688.44
75	3429.80		10382.10	13811.90
95	13710.27		13230.33	26940.60
总计	21745.57	2931.97	56075.10	80752.64

玉米适宜性种植区的排涝能力分布特点见表 20。从表 20 可以看出，玉米高度适宜种植区排涝能力均主要是 10 年一遇和 5 年一遇，其中排涝能力为 10 年一遇的面积为 10549.64 公顷排涝能力为 5 年一遇面积为 11069.62 公顷，两项合计占玉米高度适宜种植区面积的 99.4%，说明玉米高度适宜种植区排涝能力强。玉米适宜种植区排涝能力各级别都有，说明玉米适宜种植区排涝能力中等。玉米勉强适宜种植区排涝能力主要为 10 年一遇，由于该区域处于低山丘陵区，排水较畅，但是受其他因素制约，仍处于玉米勉强适宜种植区。

表 20　玉米适宜性种植区的排涝能力分布特点　　　（单位：公顷）

排涝能力	高度适宜	勉强适宜	适宜	总计
3 年一遇	126.31	22.98	12187.4	12336.69
5 年一遇	11069.62		10477.75	21547.37
10 年一遇	10549.64	2908.99	33409.95	46868.58
总计	21745.57	2931.97	56075.1	80752.64

玉米适宜性种植区的养分含量分布特点见表 21。从表 21 可以看出，玉米高度适宜种植区耕层养分含量丰富，玉米适宜种植区耕层养分含量较为丰富，玉米勉强适宜种植区耕层养分含量处于较低水平。

表 21　玉米适宜性种植区的养分含量分布特点

项目	高度适宜平均值	适宜平均值	勉强适宜平均值
有机质（克/千克）	16.23	15.06	12.83
全氮（克/千克）	1.01	0.96	0.82
有效磷（毫克/千克）	17.94	14.08	11.80
缓效钾（毫克/千克）	654.03	651.18	774.46
速效钾（毫克/千克）	116.40	107.90	85.25
有效铁（毫克/千克）	26.40	23.68	27.56
有效锰（毫克/千克）	41.88	38.72	41.11
有效铜（毫克/千克）	1.69	1.63	1.79
有效锌（毫克/千克）	0.92	1.03	1.31
有效硫（毫克/千克）	21.67	20.59	20.66
水溶态硼（毫克/千克）	0.28	0.27	0.29

1. 玉米高度适宜种植区

玉米高度适宜种植区面积为21745.57公顷，占总耕地面积的26.9%。玉米高度适宜种植区除二龙乡外各乡（镇、街道）均有分布，面积较大的为张林乡、贾宋镇、晁陂镇、曲屯镇、杨营乡、石佛寺镇、马庄乡、侯集镇、枣园镇。面积分别为3881.59公顷、2573.27公顷、2192.18公顷、1903.61公顷、1672.57公顷、1268.84公顷、1277.73公顷、1166.18公顷、1080.87公顷，占玉米高度适宜种植区面积的17.85%、11.83%、10.08%、8.75%、7.69%、5.83%、5.88%、5.36%、4.97%。玉米高度适宜种植区的质地为中壤土、重壤土，两项合计面积为21713.34公顷，占小麦高度适宜种植区面积的99.85%。中壤土、重壤土是镇平县的主要土壤质地类型，这些质地理化性状较好，养分含量较高，并且该区域农田基本设施配套，灌溉条件优越，排涝能力强，有利于玉米的栽培种植。该区域土壤化验结果平均为有机质16.23克/千克，全氮1.01克/千克，有效磷17.94毫克/千克，速效钾116.40毫克/千克，pH为6.9，有效铁26.4毫克/千克，有效锰41.88毫克/千克，有效锌0.92毫克/千克，有效铜1.69毫克/千克，有效硫21.67毫克/千克，水溶态硼0.28毫克/千克。

2. 玉米适宜种植区

玉米适宜种植区面积为56075.1公顷，占总耕地面积的69.4%。玉米适宜种植区各乡（镇、街道）均有分布，面积较大的为安字营乡、彭营乡、高丘镇、侯集镇、老庄镇、柳泉铺乡、枣园镇、遮山镇，面积分别为5089.56公顷、5211.25公顷、4952.36公顷、3684.1公顷、3275.36公顷、3232.47公顷、3294.59公顷、3198.22公顷。分别占玉米适宜种植区面积的9.08%、9.29%、8.83%、6.57%、5.84%、5.76%、5.88%、5.70%。玉米适宜种植区的质地较多，包含镇平县所有质地，其中面积较大的质地为重黏土、重壤土、中壤土和紧砂土，其面积分别为29264.54公顷、8980.5公顷、9436.09公顷、3050.89公顷，分别占玉米适宜种植区的52.19%、16.02%、16.83%、5.44%。镇平县玉米适宜种植区土质较好，养分含量较高，并且该区域农田基本设施配套，灌排条件较好，利于玉米的栽培种植，但各项指标稍低于高度适宜种植区。该区域土壤化验结果平均为有机质15.06克/千克，全氮0.96克/千克，有效磷14.08毫克/千克，速效钾107.9毫克/千克，pH为6.9，有效铁23.68毫克/千克，有效锰38.72毫克/千克，有效锌1.03毫克/千克，有效铜1.63毫克/千克，有效硫20.59毫克/千克，水溶态硼0.27毫克/千克。

3. 玉米勉强适宜种植区

玉米勉强适宜种植区面积为2931.97公顷，占总耕地面积的3.6%。主要分布在高丘镇、老庄镇、二龙乡、石佛寺镇、王岗乡，其面积分别为1412.27公顷、478公顷、446.04公顷、377.94公顷，分别占玉米勉强适宜种植面积的48.17%、16.30%、15.21%、12.89%。玉米勉强适宜种植区质地以松砂土面积最大，其次是紧砂土、中黏土，其面积分别为1804.04公顷、975.05公顷、123.48公顷、分别占玉米勉强适宜种植面积的61.53%、33.26%、4.21%。该区域土壤肥力较低，排灌条件一般。土壤化验结果为有机质12.83克/千克，全氮0.82克/千克，有效磷11.8毫克/千克，速效钾85.25毫克/千克，有效铁27.56毫克/千克，有效锰41.11毫克/千克，有效锌1.31毫克/千克，有效铜1.79毫克/千克，有效硫20.66毫克/千克，水溶态硼0.29毫克/千克。

（三）建议

通过对玉米适宜性种植的综合评价,在指导玉米种植方面将有的放矢,建议在玉米高度适宜种植区要大力扩大玉米种植面积;在玉米适宜种植区要维持现有玉米种植面积;在玉米勉强适宜种植区要逐步减少玉米种植面积,改种其他作物,如扩大红薯、花生种植面积等,因地制宜,充分发挥地力优势。

第三专题　镇平县施肥指标体系研究专题报告

一、镇平县主要作物施肥指标体系

(一)冬小麦测土配方施肥技术参数及指标体系

1.冬小麦磷钾丰缺指标

根据 2007 年 10 个小麦 3414 试验点和 2008～2010 年 11 个小麦丰缺试验点产量统计数据,分别计算各试验点有效磷、速效钾的相对产量。利用相对产量与土壤有效磷、速效钾测试值的对应关系,求出对数方程。以相对产量区间划分土壤有效磷和速效钾丰缺指标,相对产量低于 50% 为极低养分区,50%～60% 为低养分区,60%～70% 为较低养分区,70%～80% 为中养分区,80%～95% 为较高养分区,相对产量大于 95% 为高养分区。

根据有效磷、速效钾与相对产量的对数方程,分别计算出冬小麦有效磷、速效钾土壤丰缺指标(见表 1)。

表 1　镇平县冬小麦土壤有效磷和速效钾丰缺指标

指标	极低	低	较低	中	较高	高
相对产量	<50	50～60	60～70	70～80	80～95	≥95
土壤有效磷	<7	7～10	10～16	16～25	25～50	≥50
土壤速效钾	<70	70～90	90～115	115～150	150～215	≥215

2.冬小麦每形成 100 千克经济产量养分吸收量

对 2007 年 10 个小麦 3414 试验点、2008～2010 年 11 个小麦丰缺试验点和 2010 年 1 个小麦肥料利用率试验点统计分析数据进行汇总,求取平均值,得到镇平县冬小麦每形成 100 千克经济产量养分吸收量为:N 空白区 2.66 千克,缺氮区 2.65 千克,全肥区 2.91 千克;P_2O_5 空白区 0.88 千克,缺磷区 0.77 千克,全肥区 0.84 千克;K_2O 空白区 2.5 千克,缺钾区 2.53 千克,全肥区 2.42 千克。

3.冬小麦肥料利用率

对 2007 年 10 个小麦 3414 试验点、2008～2010 年 11 个小麦丰缺试验点和 2010 年 1 个小麦肥料利用率试验点统计分析数据进行汇总,求取平均值,得到镇平县冬小麦肥料利用率为 N41.6%、$P_2O_5$16.8%、K_2O45.3%。

4.冬小麦大量元素施肥指标

对 2007 年 10 个小麦 3414 试验点、2008～2010 年 11 个小麦氮肥用量试验点统计分析数据进行汇总,求取经济最佳产量施肥量、最高产量施肥量及对应产量平均值(见表 2)。

5.冬小麦微量元素施肥指标

试验统计分析表明,当土壤有效锌含量大于 1.5 毫克/千克时,不必施用锌肥;当土壤有效锌含量 1.2~1.5 毫克/千克时,亩施硫酸锌 0.5 千克;当土壤有效锌含量为 0.6~1.2 毫克/千克时,亩施硫酸锌 1 千克;当土壤有效锌含量为 <0.6 毫克/千克时,亩施硫酸锌 1.5 千克。

表 2　冬小麦大量元素施肥指标汇总

试验类别	试验点数	经济最佳施肥量(千克/亩)				最高产量施肥量(千克/亩)			
		N	P_2O_5	K_2O	对应产量	N	P_2O_5	K_2O	对应产量
3414	10	12.16	4.62	5.48	478.6	14.43	5.16	6.23	486.2
氮肥用量	11	14.05			429.3	16.81			453.4
平均		13.11	4.62	5.48	453.95	15.62	5.16	6.23	469.8

6. 冬小麦氮肥运筹方案

试验统计分析表明,镇平县冬小麦适宜的氮肥运筹方式为:中产田氮肥总量的 50% 做底肥,50% 做追肥;高产田 40% 做底肥,60% 做追肥;低产田 60% 做底肥,40% 追肥;对于没有水浇条件、干旱、瘠薄的土壤,氮肥 100% 做底肥,建议施用缓释肥,种肥同播。

7. 冬小麦耕作深度建议

深耕整地,虽然耕作成本略有增加,但并不增加其他农事操作成本,而增产增收效果却十分明显,增产幅度达 8.13%~16.82%,每亩净增产值达 45~126 元。建议每 2~3 年轮番深耕一遍。

8. 冬小麦分区施肥建议

根据肥效试验所建立的施肥指标体系,结合镇平县主要土壤类型和耕地养分化验结果,提出全县高、中、低三个不同类型施肥区域施肥指导意见。一是南部平原黄棕壤高产区,小麦亩产 400~500 千克,亩底施 45%(20−10−15)专用配方肥 40~50 千克,锌、硼肥各 1 千克,拔节期追施尿素 8~10 千克。二是南部平原砂姜黑土中产区,小麦亩产 350~450 千克,亩底施 45%(22−13−10)专用配方肥 40~50 千克,拔节期追施尿素 8~10 千克。三是北部丘陵低山低产区,小麦亩产 300~350 千克,亩底施 40%(22−12−6)专用配方肥 50 千克。

(二)夏玉米测土配方施肥技术参数及指标体系

1. 夏玉米磷钾丰缺指标

镇平县夏玉米土壤有效磷和速效钾丰缺指标见表 3。

表 3　镇平县夏玉米土壤有效磷和速效钾丰缺指标

指标	极低	低	较低	中	较高	高
相对产量	<50	50~60	60~70	70~80	80~95	≥95
土壤有效磷	<5	5~8	8~11	11~15	15~26	≥26
土壤速效钾	<65	65~80	80~95	95~115	115~155	≥155

根据 2008 年 9 个玉米 3414 试验点和 2009~2010 年 6 个、2014 年 1 个玉米丰缺试验点产量统计数据,分别计算各试验点有效磷、速效钾的相对产量。利用相对产量与土壤有效

磷、速效钾测试值的对应关系,求出对数方程。以相对产量区间划分土壤有效磷和速效钾丰缺指标,相对产量低于50%为极低养分区,50%~60%为低养分区,60%~70%为较低养分区,70%~80%为中养分区,80%~95%为较高养分区,大于95%为高养分区。

根据有效磷、速效钾与相对产量的对数方程,分别计算出夏玉米有效磷、速效钾土壤丰缺指标(见表3)。

2. 夏玉米每形成100公斤经济产量养分吸收量

对2008年9个玉米3414试验点和2009~2010年6个、2014年1个玉米丰缺试验点统计分析数据进行汇总,求取平均值,得到镇平县夏玉米每形成100千克经济产量养分吸收量为:N空白区1.86千克,缺氮区1.82千克,全肥区2.19千克;P_2O_5空白区0.66千克,缺磷氮区0.62千克,全肥区0.61千克;K_2O空白区2.72千克,缺钾氮区3.00千克,全肥区2.65千克。

3. 夏玉米肥料利用率

对2008年9个玉米3414试验点和2009~2010年6个、2014年1个玉米丰缺试验点统计分析数据进行汇总(见表4),求取平均值,得到镇平县夏玉米肥料利用率为N26.83%,$P_2O_5$12.23%,K_2O53.94%。

表4 夏玉米大量元素施肥指标汇总

试验类别	试验点数	经济最佳施肥量(千克/亩)				最高产量施肥量(千克/亩)			
		N	P_2O_5	K_2O	对应产量	N	P_2O_5	K_2O	对应产量
3414	9	14.36	4.21	5.45	493.18	18.87	5.71	6.08	501.52
氮肥用量	6	14.39			473.94	17.11			477.72
丰缺	1	13.94			416.23	16.78			478.32
平均		14.37	4.21	5.45	485.48	18.16	5.71	6.08	492.00

4. 夏玉米大量元素施肥指标

对2008年9个玉米3414试验点、2009~2010年6个玉米丰缺试验点、2014年1个玉米丰缺试验点统计分析数据进行汇总,求得最佳经济产量施肥量、最高产量施肥量及对应产量平均值。

5. 夏玉米氮肥运筹方案

试验结果表明,在一定磷钾肥水平下,夏玉米氮肥后移,分次追施的运筹方式适用于镇平县水利、地力条件较好的高产田玉米生产,氮肥运筹方式以30%~40%苗期追施,60%~70%大喇叭口期追施,增产效果最佳。而水利、地力条件较差的中低产田,则可继续沿用氮磷钾肥配合"一炮轰"的运筹方式。建议施用缓释肥,种肥同播。

6. 夏玉米微量元素施肥指标

试验结果表明,土壤缺锌地块(有效锌含量<0.5毫克/千克)施用硫酸锌肥,亩用硫酸锌1.5千克,增产增收效果最佳;当土壤有效锌含量为0.5~0.8毫克/千克时,建议每亩施用硫酸锌1.0千克;当土壤有效锌含量为0.8~1.0毫克/千克时,建议每亩施用硫酸锌0.5千克;当土壤有效锌含量>1.0毫克/千克时,不施用锌肥。

7. 夏玉米分区施肥建议

根据肥效试验所建立的施肥指标体系,结合镇平县主要土壤类型和耕地养分化验结果,提出全县高、中、低三个不同类型施肥区域施肥指导意见。一是南部平原黄棕壤高产区,玉米目标产量为每亩 500 ~ 600 千克,亩底施 45%(26 − 12 − 7)专用配方肥 40 ~ 50 千克,锌肥 1 千克,在大喇叭口期亩追施尿素 10 ~ 15 千克。二是南部平原砂姜黑土中产区,玉米目标产量为每亩 400 ~ 500 千克,亩底施 40%(22 − 10 − 8)专用配方肥 40 ~ 50 千克,在大喇叭口期亩追施尿素 8 ~ 10 千克。三是北部丘陵低山低产区,玉米目标产量为每亩 350 ~ 400 千克,亩底施 40%(22 − 12 − 6)专用配方肥 40 千克。

(三)夏花生测土配方施肥技术参数及指标体系

1. 夏花生磷钾丰缺指标

根据 2010 年 4 个夏花生 3414 试验点产量统计数据,初步建立了夏花生磷钾丰缺指标(见表 5)。

表 5　夏花生土壤有效磷和速效钾丰缺指标

指标	极低	低	较低	中	高	极高
相对产量	< 50	50 ~ 60	60 ~ 70	70 ~ 80	80 ~ 95	≥95
土壤有效磷	< 5	5 ~ 8	8 ~ 13	13 ~ 20	20 ~ 40	≥40
土壤速效钾	< 55	55 ~ 70	70 ~ 95	95 ~ 130	130 ~ 205	≥205

2. 夏花生每形成 100 千克经济产量养分吸收量

根据 2010 年 4 个夏花生 3414 试验点统计分析数据,初步计算出了夏花生每形成 100 千克经济产量养分吸收量(见表 6)。

表 6　夏花生每形成 100 千克经济产量养分吸收量

N(千克)			P_2O_5(千克)			K_2O(千克)		
空白区	全肥区	缺氮区	空白区	全肥区	缺磷区	空白区	全肥区	缺钾区
5.12	4.86	5.06	1.52	1.56	1.54	2.13	2.05	2.06

3. 夏花生肥料利用率

根据 2010 年 4 个夏花生 3414 试验点统计分析数据,初步计算出了夏花生肥料利用率(见表 7)。

表 7　夏花生肥料利用率

N(%)	P_2O_5(%)	K_2O(%)
48.22	16.90	50.72

4. 夏花生大量元素施肥指标推荐

对 2010 年 4 个夏花生 3414 试验点统计分析数据进行汇总,求得最佳经济产量施肥量及对应产量平均值(见表 8)。

5. 夏花生钼肥施用建议

当土壤有效钼含量处于 0.16 ~ 0.20 毫克/千克的中等水平时,夏花生钼肥施用量控制在50～75 克/亩,增产效果和经济效益最佳。当土壤有效钼含量 >0.25 毫克/千克时,可以不施用钼肥。当土壤有效钼含量 <0.15 毫克/千克时,建议钼肥施用量 100 克/亩。

表8　夏花生大量元素施肥指标汇总表

序号	试验类别	经济最佳施肥量(千克/亩)				最高产量施肥量(千克/亩)			
		N	P_2O_5	K_2O	对应产量	N	P_2O_5	K_2O	对应产量
1	花生 3414	7.10	3.14	4.20	369.52	7.16	3.13	4.32	369.59
2	花生 3414	6.28	1.67	1.19	332.97	6.39	1.67	1.27	332.98
3	花生 3414	7.76	4.44	3.86	371.67	8.08	4.50	4.03	371.82
4	花生 3414	7.41	3.13	3.15	376.67	7.89	3.29	3.26	376.94
平均		7.14	3.10	3.10	362.71	7.38	3.15	3.22	362.83

6. 夏花生分区施肥建议

根据肥效试验所建立的施肥指标体系,结合镇平县主要土壤类型和耕地养分化验结果,提出全县高、中、低三个不同类型施肥区域施肥指导意见。一是南部平原黄棕壤高产区,夏花生每亩产量大于 300 千克,亩底施 38%(16－12－10)专用配方肥 40～50 千克,在初花期亩追施尿素 8～10 千克。二是南部平原砂姜黑土中产区,夏花生产量为每亩 250～300 千克,亩底施 40%(18－10－12)专用配方肥 40～50 千克,在初花期亩追施尿素 8～10 千克。三是北部丘陵低山低产区,夏花生每亩产量小于 250 千克,亩底施 40%(18－10－12)专用配方肥 40 千克。

第四专题 镇平县测土配方施肥专家系统研究专题报告

一、测土配方施肥专家系统研发的指导思想

应用现代计算机、网络及3S等技术对土壤、作物、肥料等信息进行精确采集,统一管理,科学分析;根据施肥模型结合专家经验为每一个地块、每一种作物设计肥料配方,推荐施肥方案;应用现代信息技术将施肥方案快速准确的送到农民手中,通过农企对接、智能配肥等多种方式实现精确施肥。

二、建立镇平县测土配方施肥专家系统

由江苏省扬州市土肥站研发的《县域测土配方施肥专家系统》是由硬件、软件、数据和用户构成的计算机应用系统。该系统以一个县辖区内的耕地为管理对象,根据土壤养分状况、作物需肥规律和肥料特性,运用施肥模型和专家经验,以县为单位设计区域肥料配方,以地块为单元为不同作物推荐施肥方案,实现节本增效、低碳环保。镇平县利用这一软件建立了镇平县测土配方施肥专家系统。

(一)完善镇平县测土配方施肥数据库

(1)规范填写耕地土壤采集样点基本情况和农户施肥情况调查表,累计填写表格26466张。

(2)规范填写采集土样化验结果表8822张。

(3)规范填写各类田间肥效试验与示范结果表220张。

(二)建立镇平县耕地地力评价指标体系

1.选取评价指标。

从全国共用的耕地地力评价指标体系中选取了14项因素作为本县的耕地地力评价的参评因子,这14项指标分别为质地、排涝能力、灌溉保证率、地貌类型、有效土层厚度、耕层厚度、有机质、有效磷、速效钾、有效锌、水溶性硼、障碍层类型、障碍层位置和障碍层厚度。

2.采用层次分析确定镇平县指标权重

1)建立层次结构

耕地地力为目标层(G层),影响耕地地力的立地条件、物理性状、化学性状为准则层(C层),再把影响准则层中各元素的项目作为指标层(A层)。其结构关系如图1所示。

2)确定各评价因子的权重

各评价因子的权重见表1。

3)计算耕地地力综合指数

在县域耕地资源管理信息系统(CLRMIS)中,在"专题评价"模块中导入隶属函数模型和层次分析模型,然后选择"耕地生产潜力评价"功能进行耕地地力综合指数的计算。

表 1　各评价因子的权重

评价因子	障碍层厚度	障碍层位置	障碍层类型	有效锌	水溶态硼	速效钾	有效磷
权重	0.0558	0.0642	0.0700	0.0240	0.0240	0.0555	0.0591
评价因子	有机质	质地	耕层厚度	有效土层厚度	灌溉保证率	排涝能力	地貌类型
权重	0.0774	0.09990	0.0927	0.1083	0.0826	0.0810	0.1064

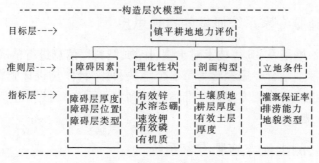

图 1　耕地地力层次结构

4）确定最佳的耕地地力等级数目

　　根据综合指数的变化规律，在耕地资源管理系统中采用累积曲线分级法进行评价，根据曲线斜率的突变点（拐点）来确定等级的数目和划分综合指数的临界点，将镇平县耕地地力共划分为四级，各等级耕地地力综合指数如表 2、图 2 所示。

表 2　镇平县耕地地力等级综合指数

IFI	0.874	0.7890	0.6730	0.5780	0.4860
耕地地力等级	一级	二级	三级	四级	五级

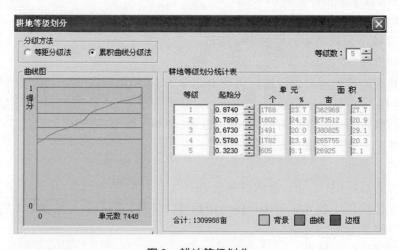

图 2　耕地等级划分

（三）获取主要施肥技术参数，建立镇平县施肥指标体系

　　参数 1：目标产量，通过耕地适宜性评价获取。

　　参数 2：百公斤籽粒吸氮量，通过 3414 试验和无氮空白试验获取。

　　参数 3：土壤供氮量，通过 3414 试验和无氮空白试验获取。

参数4：氮肥利用率，通过3414试验和无氮空白试验获取。

参数5：磷钾等元素丰缺指标，通过3414试验和缺素试验获取。

参数6：磷钾等元素适宜用量，通过3414试验和缺素试验获取。

参数7：肥料运筹方案，通过肥料运筹试验获取。

在上述基础上，利用江苏省扬州市土肥站研发的"县域测土配方施肥专家系统"软件，建立了镇平县测土配方施肥专家系统，并把地块信息、各单元施肥方案上传到"国家测土配方施肥数据管理平台"。

三、镇平县测土配方施肥专家系统的特点

（1）镇平县测土配方施肥专家系统是以"县域耕地资源管理信息系统"为基础，充分应用"地力评价"成果以及试验示范、土壤化验数据，土肥技术人员能自主发布施肥配方，具有上手快、质量高、效果好等优势。

（2）镇平县测土配方施肥专家系统所形成的施肥方案，能直接上传到"国家测土配方施肥数据管理平台"，实现互联网免费查询，手机短信免费查询，微信免费查询等。

（3）系统计算的施肥配方符合"测土配方施肥技术规范"的要求。

（4）触摸屏软件具有语音播报功能，当用户查询到某一地块作物施肥方案时，系统可以进行语音播报，更方便，更直观。

（5）触摸屏软件还具有计算功能，当用户重新键入新的目标产量、土壤养分中任何一个指标时，系统都会在当前施肥指标体系下，重新计算出新的施肥配方方案，提供个性化服务，尤其适用于高标准良田、农综开发项目等施肥技术指导服务。

四、镇平县施肥专家咨询系统应用介绍

（一）掌上施肥咨询系统（Android 版）

掌上施肥咨询系统（Android 版），是运行在安装了 Android 操作系统的手机或平板电脑上的客户端。只要一机在手，农技人员随时、随地就能查询到任意田块的土壤养分、耕地等级以及主要作物的施肥方案等信息，真正实现"小小手机手中拿，人人都是大专家，想查哪里查哪里，干部群众人人夸"的目标。

具体操作步骤如图3所示。

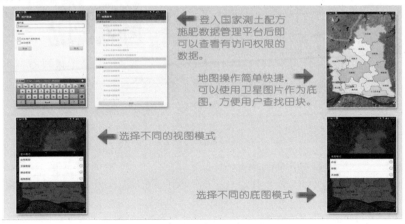

图3　掌上施肥咨询系统操作步骤

点击地块即可以查询地块的基本属性、土壤属性以及各种作物的施肥方案信息，并可以将施肥方案通过短信发送到其他手机上。

如果在田间，可以启动设备的GPS系统，实现自动定位，自动查询。

续图3

（二）微信平台

微信已越来越多地为人们所熟悉和使用。微信公众平台便利的互动性、信息推送的实时性使之成为施肥信息推广的良好平台，以"国家测土施肥数据管理平台为基础，微信平台可以为全县微信用户提供土壤养分、地力等级以及作物施肥方案等信息"的查询服务，如图4所示。

图4 微信平台

续图4

(三)测土配方施肥短信通

为方便智能手机用户使用测土配方施肥短信平台查询施肥方案,扬州市土肥站开发了测土配方施肥短信通软件,使用该软件用户只需点击两个按钮就可以查询到施肥方案。

测土配方施肥短信通分为 Android 版和 ios 版,扫描图5 中对应的二维码可以免费下载该软件。

图5　测土配方施肥短信通

（四）测土配方施肥专家系统（触摸屏版）

测土配方施肥专家系统（触摸屏版）（见图6）是运行于触摸屏一体机上的查询软件。用户通过浏览地图，找到所要查找的田块后点击屏幕，就能查询到该田块的土壤类型、理化性状、养分含量及丰缺状况、主要作物的施肥方案等信息，并可以将信息打印输出。系统还可以根据用户输入的最新化验数据实时计算出新的施肥方案。

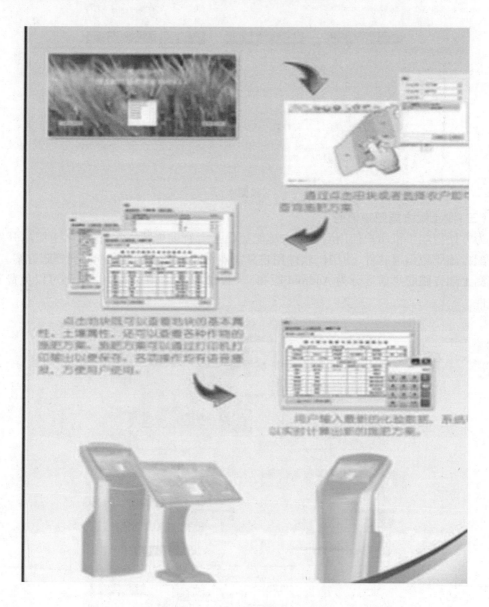

图6　测土配方施肥专家系统（触摸屏版）

(五)测土配方施肥咨询系统(windows 版)

测土配方施肥咨询系统(windows 版)(见图7)是运行在普通电脑、触摸屏电脑、平板电脑等使用 windows 操作系统的设备上的客户端软件。用户通过使用该软件可以访问本地数据,也可以访问国家测土配方施肥数据管理平台中的土壤类型、理化性状、养分含量及丰缺状况、多作物多品种的施肥方案等授权数据,并可将访问到的数据打印输出。

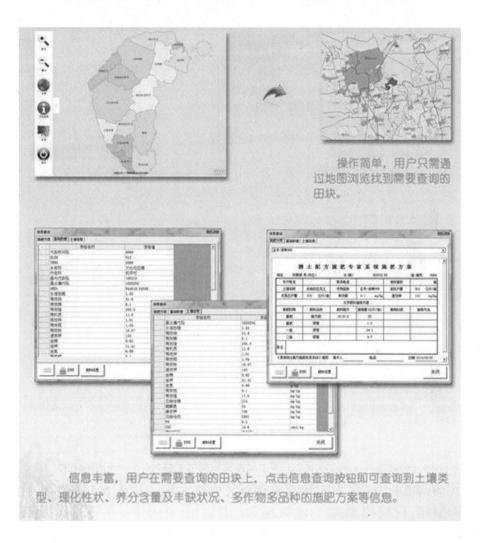

图7　测土配方施肥咨询系统(windows 版)

(六)测土配方施肥短信平台

测土配方施肥短信平台是以国家测土配方施肥数据管理平台为基础,为已经完成县域测土配方施肥专家系统建设的辖区内短信用户提供土壤养分、耕地地力等级以及作物施肥方案信息的查询服务的信息平台。该平台全国统一号码是 051487346579

具体操作步骤如图8所示。

图8 测土配方施肥短信平台

例如:查询镇平县郭庄乡第 10 号施肥单元施肥方案,可以先查出郭庄乡的乡编码是 15411324315,然后找到要查的地类编码,比如是 10 号地,在手机上编辑短信是 1541132431510,发送到 1069055012316,即可免费得到施肥方案回复。

查询方法：
编辑手机短信
乡编码+地块编码
（如1541132431510）
发送到1069055012316
即可免费得到施肥方案回复

镇平县农业技术推广中心制作

国家测土配方施肥专家系统
郭庄乡施肥方案查询图

（乡编码：15411324315）

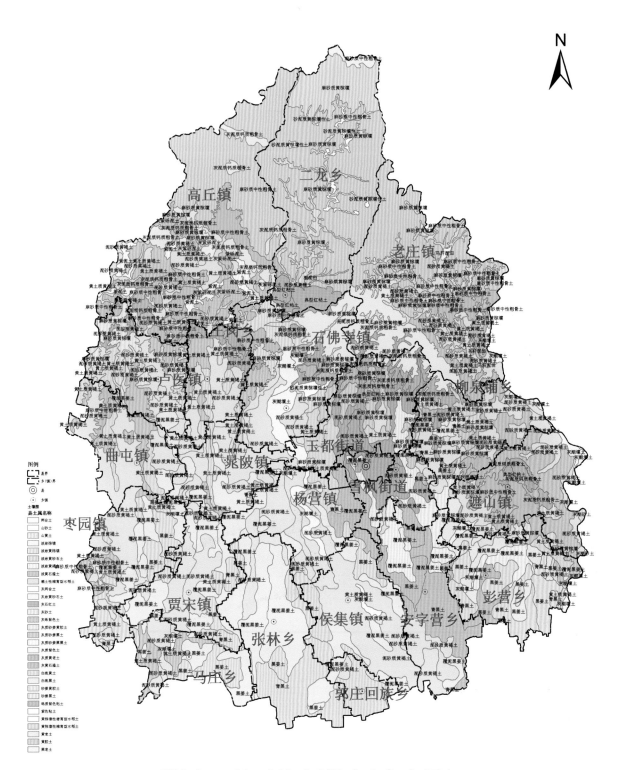

附图 1 镇平县土壤图（省土属）

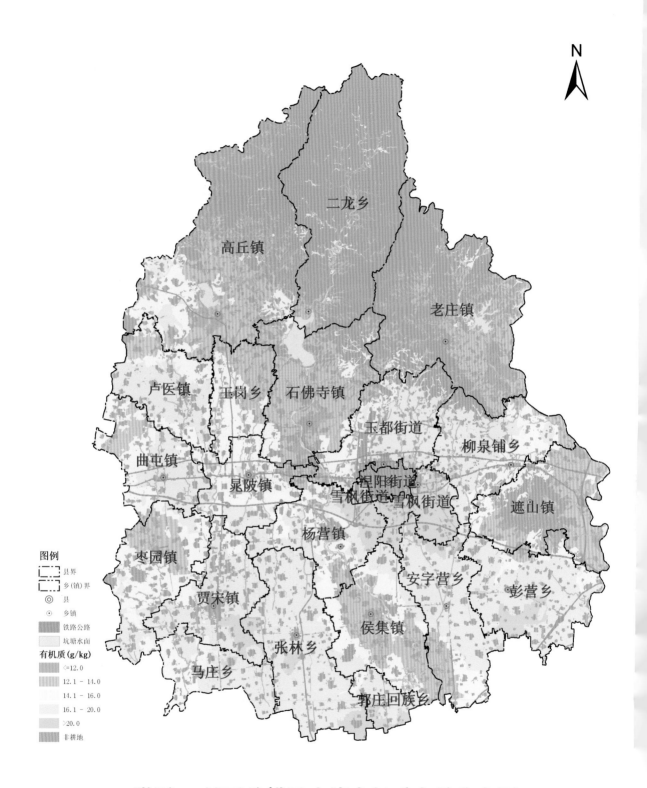

图例
- 县界
- 乡(镇)界
- ◎ 县
- ⊙ 乡镇
- 铁路公路
- 坑塘水面

有机质(g/kg)
- <=12.0
- 12.1 - 14.0
- 14.1 - 16.0
- 16.1 - 20.0
- >20.0
- 非耕地

附图 2 镇平县耕层土壤有机质含量分布图

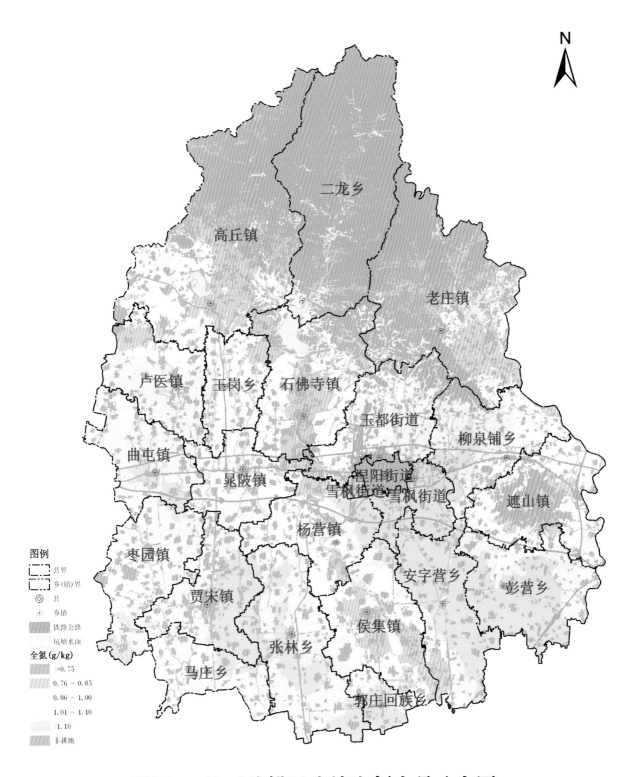

图例

- 县界
- 乡(镇)界
- ◎ 县
- ◎ 乡镇
- 铁路公路
- 坑塘水面

全氮 (g/kg)

- <=0.75
- 0.76 - 0.85
- 0.86 - 1.00
- 1.01 - 1.10
- >1.10
- 非耕地

二龙乡

高丘镇

老庄镇

卢医镇　玉岗乡　石佛寺镇

玉都街道

柳泉铺乡

曲屯镇

晁陂镇　涅阳街道

雪枫街道　雪枫街道

遮山镇

杨营镇

枣园镇

安字营乡

彭营乡

贾宋镇

侯集镇

张林乡

马庄乡

郭庄回族乡

附图 3　镇平县耕层土壤全氮含量分布图

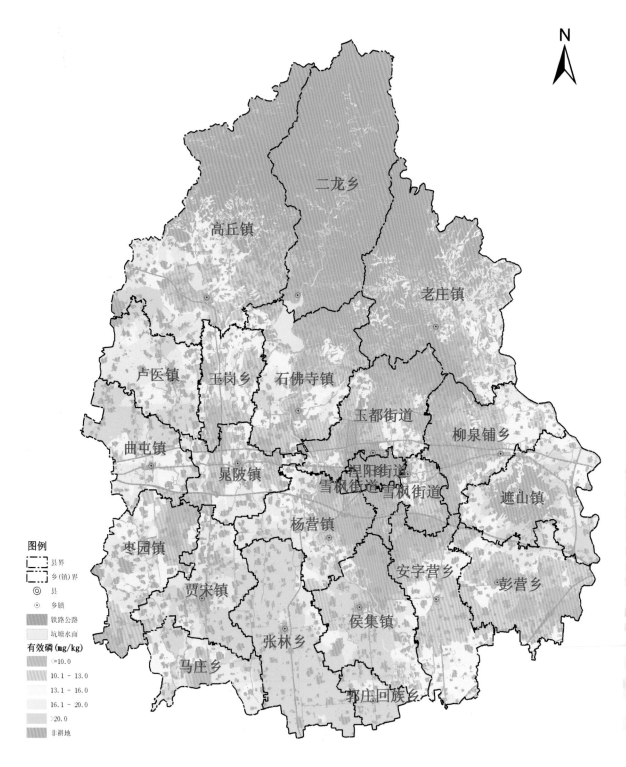

图例

- 县界
- 乡(镇)界
- ◎ 县
- ⊙ 乡镇
- 铁路公路
- 坑塘水面

有效磷(mg/kg)

- <=10.0
- 10.1 - 13.0
- 13.1 - 16.0
- 16.1 - 20.0
- >20.0
- 非耕地

二龙乡

高丘镇

老庄镇

卢医镇　玉岗乡　石佛寺镇

玉都街道

柳泉铺乡

曲屯镇

晁陂镇　涅阳街道

雪枫街道　雪枫街道

遮山镇

杨营镇

枣园镇

安字营乡

彭营乡

贾宋镇

侯集镇

张林乡

马庄乡

郭庄回族乡

附图 4　镇平县耕层土壤有效磷含量分布图

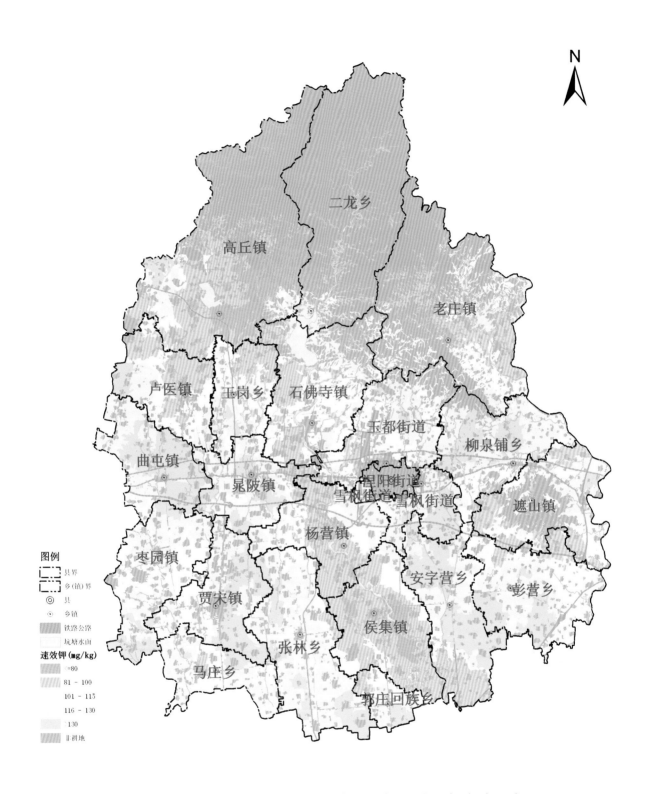

图例

- 县界
- 乡(镇)界
- ◎ 县
- ⊙ 乡镇
- 铁路公路
- 坑塘水面

速效钾(mg/kg)

- ≤80
- 81～100
- 101～115
- 116～130
- ＞130
- 非耕地

附图 5 镇平县耕层土壤速效钾含量分布图

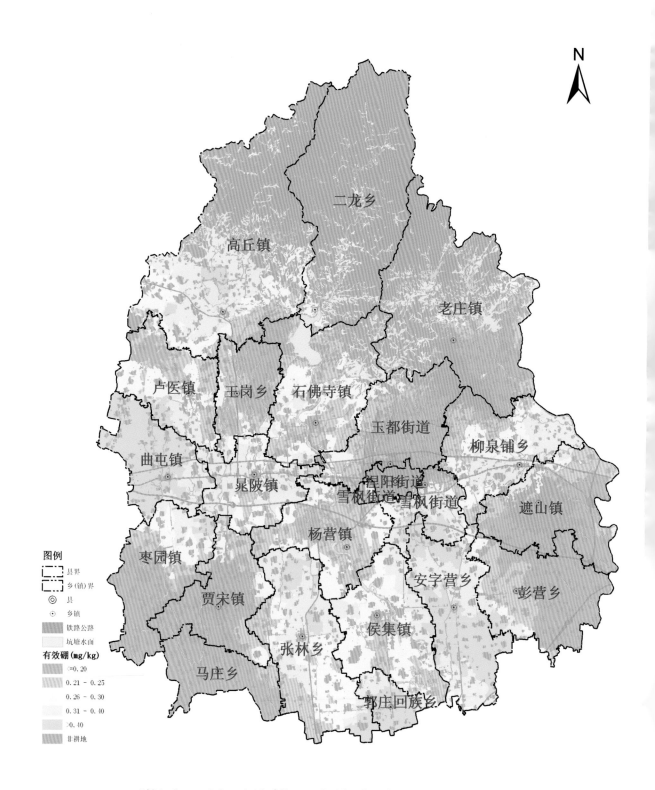

图例

县界
乡(镇)界
◎ 县
⊙ 乡镇
铁路公路
坑塘水面

有效硼(mg/kg)
<=0.20
0.21 - 0.25
0.26 - 0.30
0.31 - 0.40
>0.40
非耕地

二龙乡

高丘镇

老庄镇

卢医镇　玉岗乡　石佛寺镇

玉都街道

柳泉铺乡

曲屯镇

晁陂镇

涅阳街道

雪枫街道　雪枫街道

遮山镇

杨营镇

枣园镇

安字营乡

彭营乡

贾宋镇

侯集镇

张林乡

马庄乡

郭庄回族乡

附图6 镇平县耕层土壤有效硼含量分布图

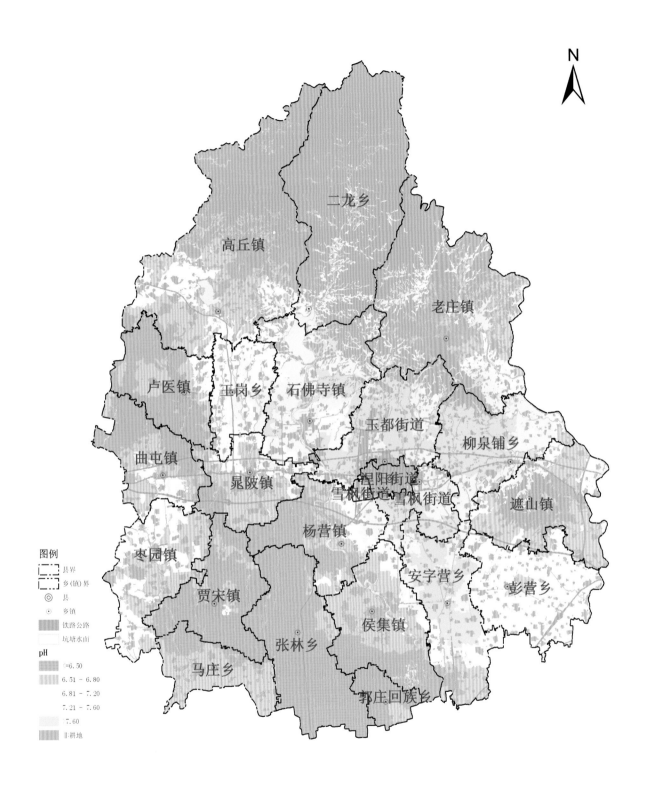

图例
- 县界
- 乡(镇)界
- ◎ 县
- ⊙ 乡镇
- 铁路公路
- 坑塘水面

pH
- (=6.50
- 6.51 - 6.80
- 6.81 - 7.20
- 7.21 - 7.60
- 7.60
- 非耕地

二龙乡

高丘镇

老庄镇

卢医镇 玉岗乡 石佛寺镇

玉都街道

柳泉铺乡

曲屯镇

晁陂镇

涅阳街道

雪枫街道 雪枫街道

遮山镇

杨营镇

枣园镇

安字营乡

彭营乡

贾宋镇

侯集镇

张林乡

马庄乡

郭庄回族乡

附图 7 镇平县耕层土壤 ph 分布图

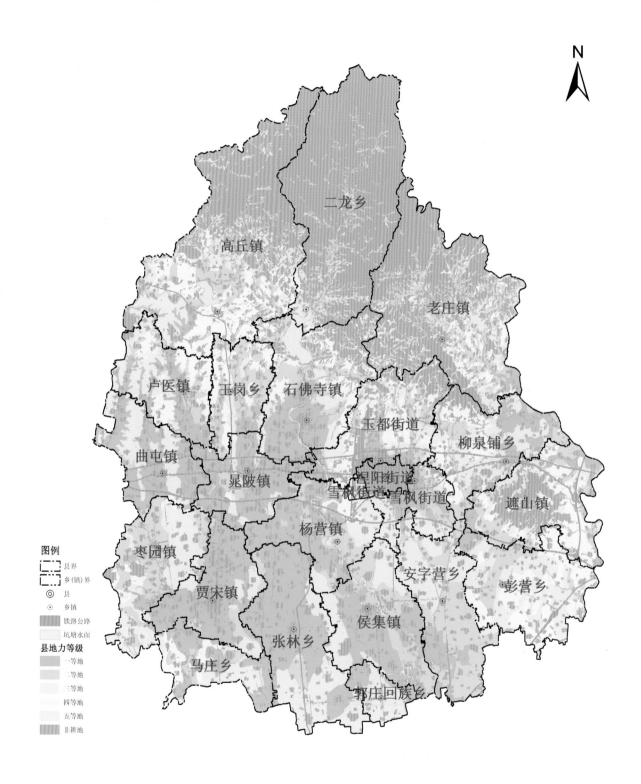

附图 8　镇平县耕地地力评价图